ORGANISATION

ET

PHYSIOLOGIE DE L'HOMME.

—◈ 0 ◈—

PARIS. IMPRIMÉ PAR BÉTHUNE ET PLON.

—◈ 0 ◈—

ORGANISATION

ET

PHYSIOLOGIE DE L'HOMME,

EXPLIQUÉES

A l'aide de Figures coloriées, découpées et superposées;

PAR ACHILLE COMTE,

PROFESSEUR D'HISTOIRE NATURELLE A L'ACADÉMIE DE PARIS;

Chef du Bureau des Compagnies savantes et des affaires médicales, au Ministère de l'Instruction Publique;
Inspecteur-Adjoint des Eaux Minérales factices du département de la Seine;
Membre des Sociétés Philotechnique, Ethnologique, d'Histoire Naturelle de France,
d'Instruction élémentaire, des Méthodes d'enseignement, etc.

> ..... Quiconque connoîtra l'homme, verra que
> c'est un ouvrage de grand dessein, qui ne pouvoit
> être ni conçu ni exécuté que par une sagesse
> profonde.
>
> BOSSUET.

QUATRIÈME ÉDITION.

PARIS.

CHEZ LES PRINCIPAUX LIBRAIRES SCIENTIFIQUES,

ET CHEZ L'AUTEUR, RUE BELLE CHASSE, 34.

M DCCC XLII.

La connaissance de l'*Organisation* et de la *Physiologie
de l'Homme* a été, de tout temps, considérée comme
une des occupations les plus élevées de l'esprit ; com-
prise, de nos jours, dans le Programme de l'Univer-
sité, cette science est enseignée dans les colléges aux
élèves des hautes classes, et beaucoup d'hommes du
monde qui, autrefois, auraient reculé devant les dé-
goûts ou les difficultés d'une pareille étude, en com-
prennent aujourd'hui tout l'intérêt et s'y livrent avec
ardeur.

Ces connaissances manquent pourtant quelquefois
encore à des hommes qui auraient besoin d'en tirer
parti, et, quoiqu'on ait souvent signalé l'utilité que
pourrait avoir pour des magistrats et des avocats l'étude
même générale de la physiologie, il est arrivé plus

d'une fois que les hommes appelés à instruire des procès criminels, ont eu à regretter de ne pas comprendre les faits physiologiques sur lesquels s'appuyaient les conclusions d'un rapport médico-légal ; privés de ces notions, ils étaient réduits à l'accepter sans observations comme sans contrôle et, dans l'impuissance d'en discuter la portée ou d'en préciser la valeur, restaient désarmés devant des déclarations entachées peut-être d'ignorance ou de mauvaise foi.

D'un autre côté, la Physiologie, si riche en ouvrages généraux et en monographies spéciales, n'a pas de résumés clairs, simples, et pouvant être compris par tout le monde ; ses traités sont tous trop profonds, trop techniques ; ils supposent des notions que ne possèdent pas les commençants, et tombent souvent dans la confusion et l'obscurité.

C'est le manque absolu d'un livre vraiment élémentaire sur ce sujet, qui a fait naître l'idée d'un mode d'enseignement physiologique qui pût servir, à la fois, aux étudiants qui commencent à apprendre, aux gens du monde qui veulent avoir des notions sur une science qu'il n'est permis à personne d'ignorer entièrement, et aux hommes qui, chargés d'instruire les autres, ont besoin de concentrer leurs connaissances et de les amoindrir, pour ainsi dire, au niveau de leurs élèves.

Le succès des trois premières éditions de cet ouvrage (1) a prouvé que l'auteur ne s'était pas mépris en espérant que le procédé nouveau qu'il imaginait, pour décrire les fonctions du corps humain, en rendrait l'étude plus facile aux intelligences qui voudraient s'y appliquer.

Le nouvel Atlas de cette édition a été confié aux ar-tistes les plus habiles dans les dessins Anatomiques; les figures coloriées et retouchées au pinceau avec le plus grand soin, rappellent fidèlement la forme et la teinte des organes naturels. Les dessins des planches sont combinés de telle sorte, que le *verso* et le *recto* figurent des plans différents; ce qui permet de voir les rapports de toutes les parties de l'organe qui sert à une fonc-tion, et d'en isoler ou d'en réunir les divers *lambeaux* pour suivre, dans leurs détails, les descriptions du texte.

Afin de ne pas multiplier les objets de démonstra-tion, et de ne pas isoler des parties qui, dans la nature, sont superposées, on a rendu mobiles les divers plans d'une même figure : ces plans ou *lambeaux*, articulés sur le dessin principal, peuvent s'ouvrir comme les feuillets d'un livre; ils se soulèvent en autant de pièces qu'il est nécessaire, ce qui permet à l'œil de pénétrer, couche par couche, de la surface extérieure d'un organe

(1) Le titre des deux premières éditions était : *Physiologie à l'usage des col-léges et des gens du monde.*

jusque dans sa profondeur et les moindres replis de sa texture.

A l'aide de ces dessins et du texte qui n'en est, en quelque sorte, que l'explication physiologique, l'homme le plus étranger aux mystères de la vie peut, en saisissant dans leur ensemble la forme, la couleur et les rapports des appareils de l'organisation humaine, apprendre comment la nutrition s'opère, comment les mouvements s'exécutent, et comment se produisent les impressions de la lumière, des sons, du toucher, des saveurs et des odeurs.

CONSIDÉRATIONS GÉNÉRALES.

L'étude générale et comparée de la *physiologie* suppose l'application de toutes les connaissances physiques à l'examen des phénomènes particuliers qui se produisent successivement pendant l'existence des êtres vivants. Le but de cette science est de rechercher et d'expliquer les actions mystérieuses de l'organisation dans les végétaux et les animaux, et de montrer les divers changements qu'amène dans leur structure l'effet permanent des influences extérieures. Élevée dans ses vues, immense dans ses détails, précieuse dans les résultats auxquels elle conduit, la *physiologie* considère tous les êtres organisés, depuis l'homme jusqu'aux animaux infusoires, depuis les moisissures microscopiques jusqu'aux colosses du règne végétal ; elle étudie leurs formes, leur texture, leurs organes, leurs fonctions ; elle les compare dans leurs rapports, et cherche à saisir le lien qui les unit les uns aux autres, et qui fait de chacun d'eux une partie nécessaire du grand tout que l'on appelle la *nature*.

Il ne peut entrer dans le plan de cet ouvrage, consacré à l'*Histoire des fonctions du corps humain*, d'embrasser la *Physiologie* sous le point de vue qui vient d'être indiqué; et, malgré tout l'intérêt qui s'attache à de semblables recherches, nous devons nous borner à la description des instruments de la vie humaine, à l'examen de ce qu'ils présentent de plus général dans leur forme et dans leur texture, et à l'étude de leurs actions.

Il y aurait, cependant, de l'inconvénient à ce que le lecteur abordât cette étude sans quelques préparations, et sans avoir été initié au langage de la science par un aperçu, même rapide, des lois générales qui la constituent; sans cette précaution, il pourrait trouver de la confusion dans les descriptions les plus méthodiques, et de l'obscurité dans les développements les plus clairs. C'est pour éviter un pareil embarras que nous avons exposé quelques notions générales sur la structure des êtres organisés. Ces considérations serviront de préface à l'*Histoire des fonctions du corps humain.*

I.

Tous les corps qui se présentent dans la nature peuvent et doivent se ranger dans l'une ou l'autre des classes suivantes : ou ils sont organisés, ou ils sont inorganiques. Cette division claire et simple, ce dualisme de tout ce qui frappe nos regards est facile à reconnaître aux caractères que nous allons énumérer et décrire.

Toutes les fois qu'un corps sera disposé d'une manière symétrique, c'est-à-dire qu'il y aura, entre les différentes parties de son être, une harmonie, une cor-

respondance de formes, telle qu'en séparant le corps
par une ligne médiane, on ait, de chaque côté, à peu
près deux parties égales; toutes les fois que ce corps
renfermera, dans sa texture, certains organes agissants
et vivants, capables de servir à son existence et à son
accroissement, par un moyen quelconque de nutrition; toutes les fois que ce corps augmentera, grandira, se développera par intus-susception, c'est-à-dire
qu'il trouvera en lui-même, et à l'aide de certains sucs
nutritifs, empruntés aux corps extérieurs, la substance
nécessaire à sa croissance intime et identique aux différentes parties de son être; toutes les fois, en outre, que
ce corps sera doué d'une certaine sensibilité, manifes-
tation extérieure de l'existence; toutes les fois que ce
corps opérera ses mouvements par lui-même et sans le
concours d'une force étrangère; toutes les fois, en un
mot, qu'il y aura vie et possibilité de l'entretenir ou de
la suspendre, le corps sera réputé organique, que ce
soit un animal ou une plante.

Quand, au contraire, il n'y aura rien de symétrique
dans la disposition des parties; quand il n'y aura, dans
l'intérieur du corps observé, aucun vestige d'organes,
pas d'instruments de nutrition, aucun signe de sensibilité; quand rien ne pourra exciter, ou débiliter, ou détruire, en les fractionnant, ces objets d'apparence angu-
leuse et rude; quand, au lieu de lignes courbes et de
formes rondes, on verra paraître des arêtes informes,
des blocs irréguliers et inégaux; quand, par-dessus
tout, le corps ne pourra se développer et grandir que
par juxta-position, c'est-à-dire en s'agrégeant par
sa surface extérieure et successivement les particules
qui sont homogènes aux siennes, à l'instar par exemple
de la boule de neige qui, roulée, grossit en s'agglomé-

rant; alors le corps sera dit inorganique, que ce soit un gaz, un minéral, ou un sel.

Ainsi donc, pour nous résumer, ce qui distingue les corps inorganiques des corps organisés, c'est 1° la manière d'être et de grandir : la juxtà-position, ou l'intus-susception ; 2° la symétrie, ou l'absence de cette qualité ; 3° la disposition intérieure de certains organes propres à la nutrition, ou l'absence de ces organes ; enfin 4° l'absence, ou la présence de la sensibilité.

Le côté par lequel se touchent les corps inorganiques et les corps organisés est celui-ci : les uns et les autres sont composés de molécules matérielles qui peuvent se décomposer, au point que tout corps organisé doit un jour rentrer dans le règne inorganique, quand les conditions de la vie auront été brisées pour lui et qu'il se décomposera, plante ou animal, pour rendre ses éléments à leurs affinités chimiques. Les végétaux et les animaux, ces deux grandes subdivisions des êtres organisés, ces deux grands *règnes*, comme les a nommés la science, devaient nécessairement, et par cela seul qu'ils portent ensemble le même titre de corps organiques, présenter de grandes analogies, des ressemblances singulières; mais, en même temps, ils ne pouvaient manquer d'avoir entre eux de grandes et notables différences, et c'est pour cela qu'on les a divisés en deux classes parallèles et distinctes. C'est sur ces ressemblances et ces différences seules qu'on peut établir une classification. La question que nous allons étudier doit donc avoir pour but de présenter, d'une part, le détail des rapports qui font que, dans la division des sciences naturelles, les végétaux et les animaux ont été compris dans le même cadre; puis, d'une autre part, les dissemblances, les différences physiologiques profondes et marquées qui ont motivé la séparation de ces corps organisés en *Règne animal* et en *Règne végétal*, et leur étude en *Zoologie* et *Botanique*.

On a donné le nom d'animal à tout être qui est animé et pourvu d'organes digestifs, quand bien même ce ne serait qu'un simple tube, ainsi que cela se remarque dans certains polypes.

Les animaux ont, comme les végétaux, tous les caractères généraux des êtres organisés, dont ils font partie; et ils ont, en outre, quelques propriétés qui modifient leur organisation et les distinguent des végétaux.

Tous, par exemple, savent découvrir, reconnaître d'une manière exacte, les qualités des corps qui les environnent; et ils jouissent de cette faculté par l'exercice des divers actes de la vie de relation. Ils ont la conscience de leur existence; ils perçoivent les rapports qu'ils ont avec les êtres qui les entourent, et les rapports de ces êtres entre eux; ils jouissent ou souffrent de ces rapports, et peuvent réagir contre eux et les modifier.

D'après ce peu de mots, il semble qu'au premier abord rien ne doive être plus aisé à définir que l'animal; tout le monde le conçoit comme un être doué de sentiment et de mouvement volontaire. Mais, lorsqu'il s'agit de déterminer si un être qu'on observe est ou non un animal, la difficulté est souvent très-grande, pour ne pas dire insurmontable.

Il s'agit, en effet, de savoir si tous les êtres sensibles se meuvent, car le mouvement n'est pas une conséquence nécessaire de la sensibilité; il faut savoir encore si, parmi tous les êtres qui nous paraissent exercer une volonté, il n'y en a pas dont les mouvements soient le produit de forces qui nous sont inconnues, et dont l'action sur eux serait irrésistible. Plusieurs plantes, en effet, se meuvent d'une façon toute pareille à celle des animaux, et ces étranges contractions de leur substance n'ont d'autre cause que des phénomènes physiques de lumière, de chaleur ou d'électricité.

On a dit que les animaux montraient des désirs dans la recherche de leur nourriture, et du discernement dans le choix qu'ils en font ; mais ne voit-on pas également les racines des plantes se diriger vers les points où la terre est plus abondante en sucs, et chercher, dans les rochers, des fentes au travers desquelles elles puissent pomper un peu de nourriture ? Qui ne sait que leurs feuilles et leurs branches se dirigent, par un mécanisme encore inconnu, du côté où elles trouvent le plus d'air et de lumière ; et que si l'on ploie une branche la tête en bas, ses feuilles vont jusqu'à tordre leurs pédicules, pour se relever et se retrouver dans la situation la plus favorable à l'exercice de leurs fonctions ?

Remarquons encore que, sans avoir cessé de vivre, les animaux se trouvent souvent privés, pour un temps plus ou moins long, de l'exercice de leurs facultés : c'est ainsi que cela a lieu dans l'œuf, dans le sommeil, dans la léthargie des chrysalides et autres nymphes d'insectes, dans les léthargies maladives, etc.

Pour trouver une distinction absolue entre les animaux et les végétaux, il faut avoir recours à d'autres caractères que ceux qui ont besoin de la *vie* pour se révéler et être appréciés ; on les trouvera dans la composition chimique qui est propre à chacun de ces deux ordres de corps, et dans les modifications particulières de leur organisation.

Comme corps organisés, les animaux et les végétaux ont un grand nombre de points absolument communs ;

tels sont : leur tissu aréolaire ou composé de mailles ;
leur accroissement ou développement, produits par des
parties étrangères qu'ils s'incorporent; la respiration ou
la demi-combustion qu'ils font des fluides nourriciers
avant que ces fluides soient employés à leur développement. On doit encore citer la transpiration et les excré-
tions, ou la sortie continuelle des molécules qui ont
fait partie du corps ; la mort naturelle, par un effet de
la vie, et par l'obstruction qu'amènent lentement dans
les mailles du réseau les matières étrangères qui s'y ac-
cumulent; leur faculté de produire, chacun dans son
espèce, des êtres semblables à eux, et destinés à rem-
placer ceux que la mort détruit; enfin leur composition
chimique, produit d'une foule de substances qui ne sont
retenues dans une sorte de combinaison que par l'action de la vie, et qui tendent à se disperser et se dispersent en effet dès que cet état a cessé.

Sous ces divers rapports, on rencontre dans les végétaux et les animaux des modifications particulières
qui tiennent à la présence ou à l'absence des fonctions
du mouvement et de la sensibilité.

Le tissu des végétaux est très-simple, et les animaux
les moins parfaits présentent seuls une disposition aussi
élémentaire dans leur structure. Les diverses parties
d'une même plante sont tellement similaires qu'elles
peuvent toutes se changer les unes dans les autres :
c'est ainsi qu'on voit, dans certaines fleurs doubles, les
étamines se changer en pétales, et dans les boutures les
branches devenir des racines; chaque portion de plante
peut même devenir une plante entière. Les animaux
un peu élevés dans l'échelle ne présentent rien de pareil, et leurs diverses parties ont des formes, des tissus
et des éléments différents.

Le caractère le plus distinctif entre les végétaux et les animaux se trouve dans la manière dont s'opère leur nutrition. Les plantes n'ont aucune grande cavité intérieure où puisse être déposée leur nourriture; elles l'absorbent par les pores de leurs surfaces, et surtout par leurs racines et par leurs feuilles. Les animaux en absorbent bien aussi une partie par leur surface; mais, destinés à changer de lieu, ils ne pouvaient avoir de racine, et se trouvaient par là privés d'une source de nourriture à la fois abondante et continue. Pour y suppléer, il était nécessaire qu'ils pussent prendre à la fois, et emporter partout avec eux, une quantité de matière alimentaire, pour en absorber ensuite à loisir les sucs utiles; ce but est parfaitement rempli par l'existence de leur cavité intestinale, surface intérieure qui absorbe par ses pores les sucs des substances nutritives, comme les racines des plantes pompent ceux de la terre; ce qui a fait dire à Boërhaave que les animaux ont leurs racines en dedans d'eux-mêmes : *Ventriculus sicut humus*.

Un examen rapide suffit pour montrer que, dans les végétaux, les principaux organes de la vie sont situés à l'extérieur, tandis que, dans la plupart des animaux, ils occupent des cavités creusées dans l'intérieur du corps. Cette première observation conduit bientôt à reconnaître l'influence de la locomotion, faculté dont les animaux jouissent en vertu d'une force intérieure, et qui manque aux végétaux. Par cela même, en effet, que les animaux peuvent changer de place, et qu'ils ne restent pas constamment dans le même milieu, leurs pores absorbants ne devaient pas s'ouvrir à la périphérie du corps; leurs aliments sont, intérieurement, dans un contact permanent avec les bouches des pores absor-

bants : en un mot, dans toute l'étendue du terme, ils
digèrent.

La durée de la vie est différente chez les végétaux et
chez les animaux ; en général, les limites extrêmes de
cette durée sont beaucoup plus étendues dans les végétaux, puisqu'on voit, d'une part, des champignons et
des moisissures ne vivre que quelques heures, et, d'une
autre part, le gigantesque baobab traverser l'immensité
des siècles. La distance est bien moins grande, au contraire, entre l'éphémère, qui ne vit qu'un seul jour à
l'état parfait, et le cygne, qui ne dépasse guère cent
cinquante ans.

Nous avons déjà vu que l'organisation est, en général, beaucoup plus simple dans les végétaux que dans
les animaux : et cela devait être ainsi, puisqu'ils ont bien
moins de fonctions à remplir. Chez ceux-ci, le mécanisme de leur structure est compliqué en raison de la
multiplicité des actes à exercer : on y trouve une foule
de cordes, de poulies, de leviers, d'instruments de physique et même de chimie, dont ceux-là sont privés.
Aussi, tout animal auquel on retranche quelque partie
en devient plus ou moins malade ; chaque jour, au contraire, le jardinier mutile des végétaux, et ils n'en vivent
que mieux.

Dans les animaux, le but et l'usage des organes sont
presque toujours déterminés d'avance, on ne peut les
changer en entier ; tandis que, ainsi que nous l'avons
déjà dit, il n'est, pour ainsi dire, aucune partie des végétaux dont on ne puisse modifier la destination.

L'analyse chimique montre, à son tour, de nombreuses
différences entre ces deux classes d'êtres organisés.
L'excès d'azote paraît le caractère propre de l'organisation des animaux ; le carbone domine dans celle des

végétaux. Il en résulte que les principes des matières animales peuvent subir des combinaisons beaucoup plus promptes et plus faciles, et que, par conséquent, ils sont plus diffusibles.

On comprend, par là, pourquoi les substances animales se décomposent incomparablement plus vite que les matières végétales. On le comprendra mieux encore si l'on se rappelle que, dans les animaux, il y a proportionnellement plus de liquides que dans les végétaux; que, chez les premiers, la matière fluide est souvent accumulée en masses plus ou moins considérables dans des réservoirs; tandis que, chez les seconds, elle est constamment divisée par molécules ou par filets très-fins, dans des vacuoles, dans des cellules étroites ou dans des vaisseaux.

Ainsi donc, les animaux, si différents d'ailleurs les uns des autres, se distinguent des végétaux par les deux caractères généraux suivants : 1° ils peuvent changer de lieu et se mouvoir volontairement, tandis que les autres sont attachés par des racines au sol sur lequel ils se sont élevés; 2° ils sont pourvus, pour l'accomplissement de leur nutrition, d'un sac intérieur, dans lequel les aliments subissent une préparation spéciale, et où leurs principes assimilables sont absorbés par une foule de radicules; les végétaux n'ont point ce sac intérieur : ils vont pomper dans les corps voisins les matériaux de leur nourriture, et cela à l'aide de racines extérieures.

Il ne faut pas croire, néanmoins, qu'il existe entre ces deux classes d'êtres organisés des différences générales telles qu'on ne puisse jamais les confondre. Arrivé à un certain point, il est, en effet, très-difficile d'établir, entre les uns et les autres, une ligne de démarcation bien tranchée, car ils semblent se réunir par les indi-

vidus les plus éloignés. Dans l'échelle des êtres organisés, les derniers des animaux paraissent identiques aux
derniers des végétaux, et l'analogie des résultats a fait
admettre une certaine ressemblance dans les causes. Les
éponges et les coraux, implantés à la surface des rochers sous-marins, ne sauraient pas plus changer de
place que le végétal le mieux caractérisé. Dans beaucoup
de plantes, il existe des mouvements partiels qui, en
apparence du moins, sont pareils à ceux des animaux.
Les feuilles des sensitives, les pétioles du sainfoin de
Barbarie, les folioles de la dionée attrape-mouche, celles de presque toutes les légumineuses en exécutent
même qui sont plus manifestes que ceux des gorgones
et des coraux.

Si tous les végétaux ont leurs organes situés à la périphérie du corps, certains zoophytes paraissent absolument dans le même cas et, chez eux, les particules
nutritives semblent être introduites dans l'économie
par des vaisseaux absorbants situés sur la surface extérieure de l'individu.

Il est des animaux dont l'organisation paraît aussi
simple que celle des végétaux les moins compliqués. Les
éponges ne semblent formées que d'une espèce de pulpe
muqueuse et homogène; les lithophytes, d'une matière
calcaire; les cératophytes, d'une substance cornée; les
polypes et les infusoires ne sont que des masses d'une
gelée albumineuse, et l'on ne commence vraiment à
apercevoir des organes distincts et des fibres musculaires que dans les orties de mer et les échinodermes.

Plusieurs animaux sont privés, en tout ou en partie,
des organes des sens.

L'irritabilité existe dans les végétaux comme dans les
animaux, car elle est l'effet du changement que produit

un corps extérieur sur les organes. Tous les jours on voit les plaies des arbres se cicatriser et leurs lèvres se rapprocher. Le soleil trop ardent rend les feuilles malades, de même que le feu grille la peau des animaux ; la grêle meurtrit les fruits, etc.

La circulation, la digestion et la respiration, désignées comme des fonctions spéciales aux animaux, ne peuvent, d'une manière absolue et pour tous les cas, servir à les faire reconnaître. Les végétaux n'ont-ils pas, en effet, une circulation tout aussi développée que certains animaux, tels que les insectes, chez lesquels on ne voit ni cœur ni vaisseaux sanguins ? n'existe-t-il pas des zoophytes, des éponges, dans lesquels les recherches les plus minutieuses n'ont encore pu faire découvrir, jusqu'à ce jour, aucune trace d'organes digestifs ?

Il ressort de la comparaison que nous venons de faire entre les végétaux et les animaux, que ces êtres sont étroitement unis par les caractères essentiels de leur organisation, qu'il semble impossible de les distinguer par un trait prononcé qui appartienne exclusivement aux uns ou aux autres, que les analogies de ces deux groupes d'êtres organisés se montrent surtout dans les espèces les moins parfaites, que les différences deviennent plus tranchées à mesure qu'on s'éloigne de ce point de départ, et qu'enfin le Règne Végétal et le Règne Animal forment, en quelque sorte, deux chaînes ascendantes qui partent l'une et l'autre d'un anneau commun, et s'écartent à mesure qu'elles s'élèvent.

Ainsi que nous l'avons vu, les derniers des animaux se rapprochent des végétaux par la manière dont ils croissent et dont ils se nourrissent ; mais la plus grande partie de ces êtres s'en distingue au moyen des caractères que nous avons développés déjà, et par quelques autres que nous allons énumérer.

II.

Presque tous les animaux sont, du moins à l'extérieur, symétriques et comme divisés, par un plan médian vertical, en deux moitiés latérales semblables; chez eux, la longueur l'emporte ordinairement sur les autres dimensions.

Le tissu aréolaire qui forme la base de leur corps est très-mou et très-contractile, et leur corps lui même est creusé d'une cavité intérieure où sont, ainsi que nous l'avons déjà dit, déposés les aliments.

Presque tous ont des organes de circulation, qui portent la matière nutritive de l'intestin vers les autres parties du corps; des organes respiratoires, qui reçoivent le fluide nourricier et le soumettent à l'action de l'air atmosphérique ou de l'eau dans laquelle l'animal est destiné à vivre; des organes sécrétoires, où une partie de ce fluide est isolée de la masse, soit pour aider à l'exercice de certaines actions organiques, soit pour être charriée hors de l'animal et devenir un moyen d'épuration. Les animaux ont aussi des muscles pour l'exécution de leurs mouvements apparents; des sens, qui leur permettent de recevoir l'impression des corps du dehors, et un système nerveux formé de cordons qui, par une de leurs extrémités, pénètrent et s'épanouissent dans les viscères, les muscles, les téguments, et, par l'autre extrémité, forment des renflements plus ou moins

consistants, plus ou moins gros et plus ou moins nombreux.

C'est par le mouvement musculaire, les sensations
et l'action nerveuse, que les animaux acquièrent une vie
qui leur est propre; vie bien supérieure, par sa complication et son étendue, à cette vie végétative dont les
fonctions se rencontrent seules dans les végétaux, et
sont destinées presque uniquement à la nutrition. Tout
l'ensemble de leur économie semble placé sous l'influence des forces qui les animent; aucun acte de leur
vie ne paraît être entièrement soustrait à cette cause
de modifications. C'est à l'aide des mouvements musculaires qu'ils vont à la recherche de leurs aliments,
et c'est encore par l'effet de la même cause que ces
substances sont introduites dans les voies digestives, les
parcourent et en sont expulsées; que le sang est, chez
beaucoup d'entre eux, chassé dans les vaisseaux où il
circule, et que l'air pénètre dans les organes de la res-
piratio .

Les sens du goût et de l'odorat sont placés à l'entrée
de l'appareil de la nutrition chez le plus grand nombre
des animaux; des nerfs se distribuent aux organes digestifs; toutes les fonctions sont enchaînées les unes
aux autres et dans un état de subordination mutuelle,
de même que les appareils qui servent à leur accomplissement sont étroitement liés par les muscles et les
nerfs qui entrent dans leur composition.

Les fonctions de la nutrition réagissent, à leur tour,
sur les fonctions animales, dont les organes ont nécessairement besoin d'être nourris. La circulation est fa-
vorisée par l'innervation, de même que celle-ci est
entretenue par la circulation; et l'action du sang sur
les nerfs et sur les muscles est aussi nécessaire à la

vie, que l'action des nerfs et des muscles sur le sang.

La comparaison générale que nous avons faite des animaux et des végétaux, par rapport à la structure et aux fonctions principales de leurs organes, nous conduit à examiner plus particulièrement le corps animal, les éléments qui le composent, les organes qui résultent de la réunion de ces éléments, et le jeu de toutes ces parties.

La base du corps animal est un tissu spongieux dans lequel toutes les autres parties sont mêlées ou épanchées; on le nomme tissu cellulaire, parce qu'il est composé d'une multitude innombrable de petites lames placées comme au hasard, et formant de petites cellules qui communiquent si exactement les unes avec les autres, qu'en soufflant dans un endroit de ce tissu on peut enfler tout le corps.

Ce tissu a la propriété de se contracter autant que les forces qui le distendent peuvent le lui permettre, et c'est par cette propriété qu'il tient dans des rapports constants les diverses parties du corps de l'animal.

Quand les mailles de ce tissu sont rapprochées, il forme des parties plus solides : on leur donne le nom de membranes lorsqu'elles sont étendues en longueur et en largeur, et de fibres lorsqu'elles ne le sont qu'en longueur seulement. Une membrane roulée en un canal cylindrique ou conique se nomme vaisseau. Dans beaucoup d'animaux, presque toutes les parties du corps ne sont formées que de vaisseaux entrelacés.

Un second élément du corps animal est la fibre irritable, charnue ou musculaire : sa forme est celle des filaments. La propriété de la fibre est de se raccourcir et de se mouvoir convulsivement lorsqu'elle est touchée par quelque corps aigu ou par quelque liqueur âcre. C'est elle dont les faisceaux forment les muscles, qui sont les organes du mouvement volontaire. Elle entre aussi dans la constitution d'une multitude de membranes et de vaisseaux, dans lesquels elle produit diverses contractions nécessaires à l'exercice des fonctions qu'ils doivent remplir.

Enfin le troisième et dernier élément solide est la substance médullaire. Elle ressemble à une bouillie homogène; au microscope, elle paraît composée de globules. Elle n'est ni contractile comme le tissu cellulaire, ni irritable comme la fibre musculaire; mais elle jouit de la propriété merveilleuse d'être le conducteur des sensations, et l'instrument par lequel la volonté réagit sur les organes des mouvements.

Ces trois éléments forment tout l'édifice solide du corps animal. Le tissu cellulaire, rempli de matières salines, forme les os; la fibre, liée en faisceaux par le tissu cellulaire, forme les muscles; des membranes enveloppent le corps et le divisent en cavités. L'intestin n'est qu'un grand vaisseau revêtu de fibres charnues; des vaisseaux plus petits et de divers ordres y prennent le fluide nourricier, le pompent au moyen des contractions qui se produisent dans leur texture, et portent dans chaque point du corps des molécules convenables, soit pour nourrir ce point, soit pour former de nouveaux fluides qui doivent être conduits ailleurs. Les glandes ne sont que des amas de ces vaisseaux particulièrement destinés à la production de fluides nouveaux. Un faisceau médullaire, nommé cerveau et moelle épinière, envoie des filets de la même substance, nommés nerfs, qui animent toutes les autres parties.

C'est l'action convenable et proportionnée de ces solides qui maintient en bon état les fluides qui sont contenus dans les cavités qu'ils forment, ou qui sont transmis au travers de leur substance ; c'est cette action qui leur donne le mouvement convenable, et c'est du mouvement produit par les mélanges et les séparations de ces liquides que résultent tous les effets physiques de l'économie animale.

Nous allons ici retracer rapidement les actions organiques de l'économie animale, telle qu'elle existe dans les animaux supérieurs.

La nourriture prise dans la bouche, broyée avec la *salive* et avalée, passe dans un ou plusieurs estomacs qui la pressent, l'échauffent, la délayent dans un *suc* particulier nommé *gastrique*, et la réduisent en une bouillie homogène qui parcourt l'étendue du canal intestinal, où elle est comprimée, mêlée de bile et de quelques autres sucs.

Après que les vaisseaux absorbants, ramifiés à la surface intérieure de l'intestin, ont pompé tout le *chyle* contenu dans la substance alimentaire, le résidu, inutile à la nutrition, est expulsé du corps sous forme d'excréments.

Le *chyle* est porté par des vaisseaux absorbants dans un ou plusieurs canaux qui s'ouvrent dans les veines, et ce produit spécial de la digestion se mêle avec le sang dans ces mêmes vaisseaux.

Le *sang*, en parcourant les veines, depuis leur origine capillaire dans la substance des organes, jusqu'à leur terminaison dans l'oreillette droite du cœur, entraîne tous les fluides absorbés ; c'est combinés avec lui qu'ils arrivent dans les poumons et y reçoivent leur destination définitive : soit que, produits inutiles, ils soient destinés à être extraits et emportés au dehors par l'air expiré ; soit que, matériaux nutritifs, ils s'unissent aux autres éléments du *sang*, et soient charriés par des vaisseaux hors des poumons et dans le cœur, pour pénétrer, par la force d'impulsion de cet organe, dans toutes les parties du corps.

C'est des extrémités des artères, de leurs derniers et imperceptibles ramuscules, que sortent les molécules qui doivent faire croître les organes, en s'intercalant entre celles qui les ont précédées; ou les conserver, en remplaçant celles qui sont enlevées par l'absorption qui s'exerce d'une manière continue.

C'est aussi de ces extrémités que sortent les molécules qui doivent former les différents fluides qui se séparent du sang dans les organes, et pour des usages déterminés, tels que la bile, la salive, dont nous venons de parler, et d'autres dont nous parlerons.

Après avoir fourni ces deux sortes de molécules, le sang retourne au cœur par les veines.

Le superflu des parties qui ont servi à la nutrition et des liquides qui se sont séparés du sang, retourne dans la masse de ce dernier fluide sous la forme de lymphe, et il y est porté par les vaisseaux lymphatiques ou absorbants.

Le cerveau, la moelle épinière et les nerfs qui se distribuent dans tout le corps, sont arrosés de toute part par un sang artériel abondant, qui y produit le fluide nerveux, dont ces organes sont les dépositaires et les conducteurs.

Les extrémités des nerfs aboutissent ou à la surface extérieure, ou aux muscles, ou aux vaisseaux, ou aux viscères. A la surface, ils se terminent par des organes disposés pour recevoir et transmettre convenablement au centre nerveux l'action des corps extérieurs.

Ainsi, l'œil présente à la lumière ses lentilles trans-

parentes qui en brisent les rayons et les rassemblent
sur un foyer nerveux. L'oreille offre à l'air des membranes et des fluides qui en reçoivent les ébranlements
et les transmettent à des filets nerveux flottant dans
une fine gelée. Le nez aspire l'air et saisit au passage
les vapeurs odorantes qu'il contient, et que perçoivent
des nerfs ramifiés presque à nu sur ses membranes
internes. La langue est garnie de papilles spongieuses
qui s'imbibent des liqueurs savoureuses qu'elle doit
goûter, et en abreuvent les derniers filets de ses nerfs.
Enfin, la peau qui couvre tout le corps semble destinée
à amortir l'effet des corps extérieurs sur les nombreux
filets de nerfs qui la pénètrent de toute part ; lorsqu'elle
est enlevée, la vivacité des sensations va jusqu'à la douleur. La peau intérieure, ou la surface des intestins,
est un sixième sens qui, par les sensations de la faim,
de la soif et des douleurs internes, avertit l'animal de
ce qui se passe au-dedans de lui.

L'animal ainsi excité par ses nombreuses sensations,
éprouvant du plaisir aux unes, de la douleur aux autres,
sentant de nombreux besoins, exerce une volonté.

Les muscles sont soumis à l'empire de cette volonté ;
leurs fibres reçoivent du sang leur irritabilité, qui est
mise en jeu lorsque l'animal fait agir sur les fibres les
nerfs qui y aboutissent ; les contractions des fibres musculaires ploient ou étendent ses membres, dilatent ou
rapetissent les diverses parties de son corps, et produisent tous ses mouvements, soit d'ensemble, soit
partiels.

Les branches du système nerveux qui se rendent
dans l'intérieur exercent encore des fonctions dont l'a-
nimal ne s'aperçoit point, et qui sont soustraites à l'action de sa volonté ; les fibres qui revêtent les viscères

et les vaisseaux jouissent de l'irritabilité qui leur est nécessaire pour remplir leurs fonctions.

Après avoir examiné sommairement les mouvements compliqués qui constituent la vie dans les animaux les plus élevés par leur organisation, il serait intéressant de considérer ces êtres comparativement les uns aux autres, et de faire voir, en parcourant successivement les différentes familles, comment les divers organes s'y modifient par degrés ; mais ce serait trop nous écarter du plan que nous nous sommes tracé pour ces Considérations générales, et d'ailleurs un pareil sujet peut faire la matière d'un travail spécial qui, à lui seul, comporte plus d'étendue que la *Physiologie de l'homme.* Nous nous bornons, en conséquence, à exposer en quelques mots les faits qui sont relatifs au nombre des espèces animales, aux limites de leurs grandeurs, et aux différents séjours qu'elles habitent.

Les espèces d'animaux sont beaucoup plus nombreuses que celles des plantes ; il n'est presque pas de plante, en effet, qui n'ait quelque insecte particulier, quelques-unes même en ont un grand nombre. Beaucoup d'animaux dévorent indistinctement toutes sortes de plantes, et il en est encore un très-grand nombre qui ne se nourrissent que d'animaux ; quelques-uns rongent jusqu'aux pierres, par exemple les pholades. Enfin la mer, qui n'a presque aucune plante, fourmille d'animaux de tout genre qui ne vivent qu'aux dépens les uns des autres.

Les limites extrêmes de la fécondité des animaux sont beaucoup plus variables que celles des plantes : celles-ci produisent toutes, chaque année, un nombre de semences souvent assez grand. Parmi les animaux, il en est qui ne font qu'un seul petit à la fois, et d'autrès qui surpassent toutes les plantes par leur inconcevable fécondité ; la perche pond trois cent mille œufs, l'esturgeon en a plus de quinze cent mille, d'autres poissons en ont plusieurs millions.

Le nombre des individus est en raison de la fécondité, il est aussi variable dans un règne que dans l'autre : il serait difficile de dire s'il y a plus de mousses que de harengs, ou de moules. On doit aussi remarquer que si l'homme peut, au moyen de la chasse, diminuer considérablement les grandes espèces d'animaux nuisibles, il n'exerce pas une moindre puissance sur les végétaux, à l'aide de l'agriculture.

Il y a plus de différence de grandeurs parmi les animaux que parmi les végétaux ; un cèdre, un chêne et même un baobab ne sont pas supérieurs à une baleine par la masse, tandis qu'on voit des animaux microscopiques qui sont plusieurs milliers de fois plus petits que les plus petites plantes connues, telles que les moisissures et les byssus.

Il y a aussi plus de différence dans les formes. Si l'on excepte les champignons, toutes les plantes ont un port commun, un air de famille qui les fait aisément reconnaître ; il n'y a rien de tel dans les animaux : étant beaucoup plus compliqués, ils offraient plus d'éléments de combinaisons différentes, et la nature s'est jouée avec beaucoup plus de liberté dans les dispositions multiples et variées de leur structure.

Les plantes sont attachées à la surface du sol, soit du sol sec, soit du sol couvert d'eau ; les plantes aquatiques sont même en petit nombre en comparaison des autres. Il y a encore bien moins de plantes simplement nageantes à la surface, et on en compte à peine une ou deux absolument souterraines, car on ne peut nommer ainsi celles qui viennent dans les mines, et qui néanmoins sont toujours dans l'air.

Les animaux sont beaucoup moins restreints dans leur domicile : ils couvrent la surface de la terre ; ils traversent les airs ; ils peuplent les eaux ; plusieurs s'enfoncent sous le sol, et partout ils portent la vie et le mouvement.

HISTOIRE

DES FONCTIONS DU CORPS HUMAIN.

La connaissance du corps humain et du mécanisme de la vie repose sur deux branches importantes des Sciences Naturelles, l'Anatomie et la Physiologie.

L'Anatomie fait connaître le nombre, la forme, la situation, les rapports, les connexions et la structure des organes dont le corps est composé.

La Physiologie a pour objet l'examen des usages de chacun de ces organes ; c'est, en un mot, l'histoire de la vie, depuis le moment où elle apparaît dans le germe qui est l'abrégé microscopique de l'animal, jusqu'au jour où, après avoir assuré la conservation de son espèce, l'être qu'elle a animé achève les dernières phases de son existence individuelle, et meurt.

Ces deux ordres de connaissances s'acquièrent en soumettant le corps des animaux à des dissections, à des expériences qui ont pour but d'isoler chacune de leurs parties, afin de les mieux étudier et de saisir les rapports qui les unissent entre elles.

Pour avoir une idée exacte de la construction d'une machine, un artiste démonte chaque rouage, chaque levier, chaque chaîne ; il en isole, par une sorte d'analyse, toutes les pièces ; puis, en les rapprochant et en rétablissant leurs rapports, il peut leur rendre ce qui leur avait été momentanément enlevé, c'est-à-dire leur mouvement et leur jeu. Ce qu'on pratique sur un mécanisme quelconque pour le connaître, le physiologiste le fait sur le corps des animaux pour le comprendre ; mais, moins heureux que l'artiste, le physiologiste ne peut pas rendre leur mouvement et leur jeu aux organes qu'il a divisés et séparés.

Jamais science ne fut à la fois plus grande et plus intéressante que la science de la physiologie : en nous révélant ce que l'organisation animale offre d'extraordinaire, elle nous laisse frappés d'admiration à la vue de cet ouvrage infini, la plus étonnante des merveilles du Créateur.

A une époque où toutes les intelligences sont avides de connaissances variées, et se portent surtout vers les sciences d'observation, il serait superflu de faire sentir l'importance des connaissances physiologiques. Si, pour constater l'influence constante qu'elles ont eue sur les progrès de l'art de guérir, on tourne ses regards vers le passé, on voit que la médecine a manqué de bases solides jusqu'au jour où l'anatomie et la physiologie humaines lui révélèrent la structure de nos organes dans l'état de santé et la manière dont s'exécutent nos fonctions, et firent apprécier les changements qu'éprouve cette organisation dans les maladies. C'est, en effet, à l'aide de ces deux ordres de connaissances qu'on arrive à découvrir des moyens de traitement et de guérison.

Jusqu'à ces dernières années, on rencontrait rarement dans la société des hommes curieux de connaître la structure des différentes parties de notre corps. C'est qu'il faut plus que du courage pour entrer dans un am-

phithéâtre, où l'étude de la physiologie se trouve entourée de tout ce que la mort a de plus hideux. Et, cependant, s'il est beau d'apprécier les deux mouvements
combinés de la terre, de découvrir les lois qui président
à la marche des astres, et de savoir que nous tournons
autour du soleil avec la rapidité d'un sabot lancé par un
enfant, combien n'est-il pas intéressant aussi d'étudier
les actions multipliées qui se succèdent dans la vie des
animaux, depuis la nutrition du polype le plus obscur,
jusqu'aux fonctions du cerveau de l'homme, et de soulever peu à peu quelques parties du voile dont la nature
a enveloppé ses plus admirables ouvrages!

Considéré seulement sous le point de vue de ses dispositions mécaniques, le corps humain nous offre un
exemple de complication et de perfection dont n'appro-
chent pas nos machines les mieux combinées et les
mieux exécutées. On y trouve des modèles sans nombre
de constructions ingénieuses que rappellent même imparfaitement les travaux les plus heureux des architectes
ou des opticiens. Les fondements de nos phares, de nos
monolithes, qui sont des chefs-d'œuvre d'architecture,
sont certainement construits d'après des règles moins
correctes que celles qui ont présidé à la disposition des
os du pied; les colonnes les plus solides, les piliers les
mieux enracinés sont assujettis avec moins d'exactitude
que les os creux qui nous supportent; l'insertion d'un
mât de vaisseau dans son emplanture ne paraît plus
qu'une invention grossière à l'homme qui examine l'articulation de la colonne vertébrale avec le bassin; les
tendons et leurs poulies de renvoi ont une perfection
qu'on chercherait en vain dans les cordages les plus habilement disposés; il n'y a pas d'instrument de musique qui puisse rivaliser avec l'appareil vocal; l'hydro-

dynamique, retrouve ses pompes et ses soupapes dans la structure du cœur et dans les grands canaux circulatoires; et, quelques progrès que la science des physiciens ait fait faire à la construction des télescopes, des microscopes et des chambres obscures, l'œil est encore le plus parfait des instruments d'optique.

Vaucanson avait parfaitement compris tout l'interêt des notions qu'on puise dans l'étude de l'anatomie. Ce célèbre mécanicien consultait fréquemment la structure du corps humain dans le squelette, dans la distribution des vaisseaux, et surtout dans la disposition des tendons et des muscles; on raconte que, lorsqu'il construisit son flûteur, il fut arrêté par la difficulté de lui donner l'embouchure de la flûte, et de reproduire certains coups de langue qui en modulent les sons; il eut recours à l'anatomie, il examina dans ses détails la structure du larynx, et y trouva les renseignements qu'il cherchait, et que ses méditations savantes ne lui avaient pas fait deviner.

La structure des animaux nous montre, à chaque pas, d'étonnantes merveilles; et plus on pénètre dans cette étude, plus on reconnaît qu'elle passe les calculs de la raison. C'est en se livrant aux travaux de l'anatomie, c'est en examinant les ressorts matériels de son être, que l'homme s'accoutume à s'élever vers leur auteur et leur conservateur. Il peut avoir expliqué avec beaucoup de justesse les travaux des organes et les usages auxquels Dieu les a destinés; mais ce qu'il ne saurait comprendre, ce sont les effets qu'il a sous les yeux; il a beau regarder et étudier curieusement l'organisation physique de son corps, il ne peut parvenir à en expliquer le principe secret, et s'abaisse humblement en présence des obscurités de la nature, qui, tout en lui montrant sés instruments, enveloppe d'un mystère impénétrable les merveilles de son travail.

Aussi, la physiologie, qui prend place au milieu des connaissances les plus honorables pour le génie de l'homme, ne devient une science vraiment philosophique que lorsque, mettant Dieu en tête de ses recherches, elle considère dans l'homme, non-seulement le mécanisme des organes, mais encore l'action indépendante d'une intelligence mystérieuse par laquelle il a conscience de ses impressions. Alors, le physiologiste comprend l'insuffisance des explications entassées par les matérialistes pour abuser l'esprit humain, et il sent aussi que cette machine qui va d'elle-même est réglée par une autre sagesse que la sienne. Comme il ne saurait conduire cette organisation, malgré la connaissance profonde qu'il a de ses parties, il est contraint d'en rechercher le moteur hors du cercle des causes physiques, et sa raison éclairée lui révèle l'agent immatériel qui enchaîne toutes choses, et développe avec ordre et selon de justes règles tous les mouvements que nous voyons.

Ainsi que l'a fait remarquer un profond et consciencieux écrivain, dans son *Introduction à la philosophie* (1), tous les philosophes anciens et modernes ont étudié l'organisation humaine avec enthousiasme et émotion. Cicéron retrouvait tous les secrets de son éloquence pour décrire les formes et la beauté de cet être miraculeux. Fénelon a des expressions qui partent d'une âme chrétienne, pour montrer, dans la perfection de nos organes, la perfection bien autrement infinie de notre Créateur; Bossuet a surpassé toute phi-

(1) M. de Laurentie.

losophie et toute éloquence en traitant à fond ce grand sujet, dans son beau travail sur la *Connaissance de Dieu et de soi-même*, livre précieux où la science physiologique, avec ses progrès de détails, ne pourrait découvrir d'erreur grave, et que la science moderne du raisonnement aurait au moins dû garder pour règle, puisqu'il contient toutes les vérités d'observation qu'elle est allée chercher dans les traités des matérialistes, sans présenter jamais aucun de leurs égarements. Voici comment le grand évêque résume ses recherches sur l'homme :

« Tout, dit-il, est ménagé dans le corps humain avec un artifice merveilleux. Le corps reçoit de tous côtés les impressions des objets, sans être blessé. On lui a donné des organes, pour éviter ce qui l'offense ou le détruit ; et les corps environnants qui font sur lui ce mauvais effet, font encore celui de lui causer de l'éloignement. La délicatesse des parties, quoiqu'elle aille à une finesse inconcevable, s'accorde avec la force et avec la solidité. Le jeu des ressorts n'est pas moins aisé que ferme ; à peine sentons-nous battre notre cœur, nous qui sentons les moindres mouvements du dehors, si peu qu'ils viennent à nous ; les artères vont, le sang circule, les esprits coulent, toutes les parties s'incorporent leur nourriture, sans troubler notre sommeil, sans distraire nos pensées, sans exciter tant soit peu notre sentiment ; tant Dieu a mis de règle et de proportion, de délicatesse et de douceur dans de si grands mouvements.

» Ainsi nous pouvons dire avec assurance que, de toutes les proportions qui se trouvent dans les corps, celles du corps organique sont les plus parfaites et les plus palpables.

» Tant de parties si bien arrangées, et si propres aux

usages pour lesquels elles sont faites ; la disposition des valvules ; le battement du cœur et des artères ; la délicatesse des parties du cerveau , et la variété de ses mouvements , d'où dépendent tous les autres ; la distribution du sang et des esprits ; les effets différents de la respiration , qui ont un si grand usage dans le corps : tout cela est d'une économie et , s'il est permis d'user de ce mot, d'une mécanique si admirable, qu'on ne la peut voir sans ravissement, ni assez admirer la sagesse qui en a établi les règles.

» Il n'y a genre de machine qu'on ne trouve dans le corps humain. Pour sucer quelque liqueur, les lèvres servent de tuyau, et la langue sert de piston. Au poumon est attachée la trachée-artère, comme une espèce de flûte douce d'une fabrique particulière, qui, s'ouvrant plus ou moins, modifie l'air et diversifie les tons. La langue est un archet, qui, battant sur les dents et sur le palais, en tire des sons exquis. L'œil a ses humeurs et son cristallin, les réfractions s'y ménagent avec plus d'art que dans les verres les mieux taillés ; il a aussi sa prunelle, qui se dilate et se resserre ; tout son globe s'allonge ou s'aplatit selon l'axe de la vision, pour s'ajuster aux distances, comme les lunettes à longue vue. L'oreille a son tambour, où une peau aussi délicate que bien tendue résonne au mouvement d'un petit marteau que le moindre bruit agite ; elle a, dans un os fort dur, des cavités pratiquées, pour faire retentir la voix, de la même sorte qu'elle retentit parmi les rochers et dans les échos. Les vaisseaux ont leurs soupapes ou valvules, tournées en tous sens ; les os et les muscles ont leurs poulies et leurs leviers : les proportions qui font les équilibres, et la multiplication des forces mouvantes, y sont observées dans une justesse où rien ne manque.

Toutes les machines sont simples ; le jeu en est si aisé et la structure si délicate, que toute autre machine est grossière en comparaison.

» A rechercher de près les parties, on y voit de toute sorte de tissus ; rien n'est mieux filé, rien n'est mieux passé, rien n'est serré plus exactement.

» Nul ciseau, nul tour, nul pinceau ne peut approcher de la tendresse avec laquelle la nature tourne et arrondit ses sujets.

» Tout ce que peut faire la séparation et le mélange dès liqueurs, leur précipitation, leur digestion, leur fermentation, et le reste, est pratiqué si habilement dans le corps humain, qu'auprès de ces opérations, la chimie la plus fine n'est qu'une ignorance très-grossière.

» On voit à quel dessein chaque chose a été faite : pourquoi le cœur, pourquoi le cerveau, pourquoi les esprits, pourquoi la bile, pourquoi le sang, pourquoi les autres humeurs. Qui voudra dire que le sang n'est pas fait pour nourrir l'animal ; que l'estomac, et les eaux qu'il jette par ses glandes, ne sont pas faites pour préparer par la digestion la formation du sang ; que les artères et les veines ne sont pas faites de la manière qu'il faut pour le contenir, pour le porter partout, pour le faire circuler continuellement ; que le cœur n'est pas fait pour donner le branle à cette circulation ; qui voudra dire que la langue et les lèvres, avec leur prodigieuse mobilité, ne sont pas faites pour former la voix en mille sortes d'articulations ; ou que la bouche n'a pas été mise à la place la plus convenable pour transmettre la nourriture à l'estomac; que les dents n'y sont pas placées pour rompre cette nourriture, et la rendre capable d'entrer ; que les eaux qui coulent dessus ne sont pas propres à la ramollir, et ne viennent pas pour cela à point nommé; ou que ce n'est pas pour ménager les organes et la place que la bouche est pratiquée de manière que tout y sert également à la nourriture et à la parole : qui voudra dire ces choses, fera mieux de dire encore qu'un bâtiment n'est pas fait pour loger; que ses appartements, ou engagés, ou dégagés, ne sont pas construits pour la commodité de la vie, ou pour faciliter les ministères nécessaires; en un mot, il sera un insensé qui ne mérite pas qu'on lui parle.

» Si ce n'est peut-être qu'il faille dire que le corps humain n'a point d'architecte, parce qu'on n'en voit pas l'architecte avec les yeux; et qu'il ne suffit pas de trouver tant de raison et tant de dessein, dans la disposition, pour entendre qu'il n'est pas fait sans raison et sans dessein.

» Plusieurs choses font remarquer combien est grand et profond l'artifice dont il est construit.

» Les savants et les ignorants, s'ils ne sont tout à fait stupides, sont également saisis d'admiration en le voyant. Tout homme qui le considère par lui-même trouve faible ce qu'il a ouï dire, et un seul regard lui en dit plus que tous les discours et tous les livres.

» Depuis tant de temps qu'on regarde et qu'on étudie curieusement le corps humain, quoiqu'on sente que tout y a sa raison, on n'a pu encore parvenir à en pénétrer le fond. Plus on considère, plus on trouve de choses nouvelles, plus belles que les premières qu'on avait tant admirées : et, quoiqu'on trouve très-grand ce qu'on a déjà découvert, on voit que ce n'est rien en comparaison de ce qui reste à chercher.

» Par exemple, qu'on voie les muscles si forts et si tendres, si unis pour agir en concours, si dégagés pour ne se point mutuellement embarrasser; avec des filets si artistement tissus et si bien tors, comme il faut, pour faire leur jeu; au reste, si bien tendus, si bien soutenus, si proprement placés, si bien insérés où il faut; assurément on est ravi, et on ne peut quitter un si beau spectacle; et malgré qu'on en ait, un si grand ouvrage parle de son artisan. Et cependant tout cela est mort, faute de voir par où les esprits s'insinuent, comment ils tirent, comment ils relâchent, comment le cerveau les forme, et comment il les envoie avec leur adresse fixe. Toutes choses qu'on voit bien qui sont, mais dont le secret principe et le maniement n'est pas connu.

» Et parmi tant de spéculations faites par une curieuse anatomie, s'il est arrivé quelquefois à ceux qui s'y sont occupés de désirer que, pour plus de commodités, les choses fussent autrement qu'ils ne les voyaient, ils ont trouvé qu'ils ne faisaient un si vain désir que faute d'avoir tout vu; et personne n'a encore trouvé qu'un seul os dût être figuré autrement qu'il n'est, ni être articulé autre part, ni être emboîté plus commodément, ni être percé en d'autres endroits, ni donner aux muscles, dont il est l'appui, une place plus propre à s'y enclaver; ni enfin qu'il y eût aucune partie, dans tout le corps, à qui on pût seulement désirer ou une autre constitution ou une autre place.

» Il ne reste donc à désirer dans une si belle machine, sinon qu'elle aille toujours, sans être jamais troublée et sans finir. Mais qui l'a bien entendue en voit assez pour juger que son auteur ne pouvait pas manquer de moyens pour la réparer toujours, et enfin la rendre immortelle; et que, maître de lui donner l'immortalité, il a voulu que nous connussions qu'il la peut donner par grâce, l'ôter par châtiment, et la rendre par récompense. La religion, qui vient là-dessus, nous apprend qu'en effet c'est ainsi qu'il en a usé, et nous apprend tout ensemble à le louer et à le craindre.

» En attendant l'immortalité qu'il nous promet, jouissons du beau spectacle des principes qui nous conservent si long-temps; et connaissons que tant de parties, où nous ne voyons qu'une impétuosité aveugle, ne pourraient pas concourir à cette fin, si elles n'étaient, tout ensemble, et dirigées et formées par une cause intelligente (1). »

J'aurais voulu pouvoir suivre, dans l'étude de l'anatomie et de la physiologie humaines, la marche que prend la nature pour arriver à la formation du corps humain. Il eût été d'un grand intérêt d'examiner d'abord l'homme dans son état le plus simple, et de montrer ses organes presque tout formés dans les matériaux appréciables nécessaires à leur production. Mais une pareille étude est délicate et difficile, elle oblige à des dissections patientes et minutieuses, et ne saurait se passer de descriptions longues et détaillées que ne comportent pas le but et la forme de mon ouvrage.

Pour renfermer dans un cadre convenable cette *Histoire des fonctions du corps humain*, j'ai cru devoir borner la description des instruments de ces fonctions à ce qu'ils présentent de plus général dans leur forme et dans leur texture. En considérant les divers groupes d'organes, leur nature, leur enchaînement, leurs rapports et leurs usages, j'ai eu soin d'éviter des descriptions déliées, des détails techniques, qui effraient le lecteur, et entassent dans sa mémoire une foule d'idées inutiles.

Les divers phénomènes par lesquels la vie d'un ani-

____

(1) *Connaissance de Dieu et de soi-même*, chap. IV.

mal se manifeste, sont le résultat de l'action d'une partie quelconque de son corps ; ces différentes parties, que l'on peut regarder comme autant d'instruments, portent le nom d'*organes*.

Lorsque plusieurs organes concourent à produire un phénomène, on désigne cette réunion d'instruments sous le nom d'*appareil*, et l'on appelle *fonction* l'action d'un de ces organes isolés ou de l'un de ces appareils.

Afin de mettre de la clarté dans la description des organes et de l'ordre dans l'histoire de leurs fonctions, les physiologistes ont divisé les phénomènes de la vie en différents groupes ; dans chacun de ces groupes sont enveloppées et comprises diverses actions qui tendent toutes vers un même but.

Ainsi, l'on a réuni sous le nom de *fonctions nutritives* tous les actes qui servent à la nutrition de l'animal, soit en enlevant aux productions de la terre des substances qui sont alimentaires ; soit en modifiant ces substances alimentaires et en les réduisant en un suc qui puisse se mêler aux organes ; soit, enfin, en charriant le suc nutritif dans la structure de ces organes, pour qu'en se combinant avec elle, il en répare les pertes et en favorise l'accroissement.

On a ensuite réuni, sous le nom de *fonctions de relations*, tous les actes qui mettent l'animal en rapport avec les êtres de la nature. A l'aide de ces fonctions, l'animal unit son existence avec celle de ses semblables, il s'en éloigne ou s'en rapproche suivant ses craintes ou ses besoins. Il est pourvu, à cet effet, d'un nombre assez considérable d'organes que l'on nomme sentants, qui lui servent à établir entre lui et le monde extérieur des relations aussi nombreuses que faciles. Ces organes lui servent à connaître ce qui existe hors de lui ; par eux, il est l'habitant du monde, et non pas, comme le végétal, l'habitant du coin de terre sur lequel il est né. Il sent, il perçoit les corps qui l'environnent, se dirige d'après leur influence; et quelquefois même il peut manifester ses sensations, et communiquer au monde extérieur ses désirs et ses craintes, ses plaisirs et ses peines, par des gestes, par des cris, par la voix, par la parole.

D'après ce que nous venons de dire, les fonctions des animaux se divisent d'elles-mêmes en deux classes :

Fonctions de nutrition,

Fonctions de relations.

DES FONCTIONS DE NUTRITION.

Tous les êtres vivants, et eux seulement, ont la faculté de se nourrir, c'est-à-dire de renouveler sans cesse les matériaux dont leur corps se compose, en s'appropriant une partie des substances qui les environnent, et en rendant au monde extérieur des parties de leur propre substance. Lorsque ce mouvement intérieur s'arrête sans retour, ces êtres meurent, et leur corps ne tarde pas à se détruire complétement. La durée de ce mouvement nutritif a toujours une limite déterminée ; la mort est donc une suite nécessaire de la vie.

Ainsi tout être passe du simple au composé, en s'enrichissant graduellement de nouvelles acquisitions ; et tout être retourne du composé au simple, pour rendre ses éléments à la nature.

L'assimilation permanente des molécules nutritives dans la texture de l'animal ou du végétal, par un mouvement continuel de composition et de décomposition, échappe elle-même à nos sens ; mais l'existence nous en est révélée par des faits nombreux et faciles à constater.

Cette assimilation s'accomplit par trois ordres d'actions bien distinctes : la *Digestion*, la *Respiration* et la *Circulation*.

DIGESTION.

Les plantes, avons-nous dit, absorbent directement les substances qui doivent servir à l'entretien et à l'accroissement de leurs corps ; mais chez les animaux il en est autrement : les matières alimentaires, avant d'être mêlées à la substance des organes, doivent subir une certaine préparation au moyen de laquelle leur composition et leurs propriétés sont changées ; en un mot, elles ont besoin d'être DIGÉRÉES.

La DIGESTION a pour objet la transformation des aliments en un liquide nutritif particulier nommé *chyle*.

Plusieurs organes servent à produire ce résultat : par eux, les substances étrangères à l'animal s'introduisent dans les voies digestives, changent de qualité et fournissent un composé nouveau propre à sa nourriture et à son accroissement. Pour mieux faire comprendre les actions digestives, il est utile de les étudier séparément dans divers points de la cavité alimentaire ; comme ces divers points sont le siége d'opérations distinctes, on les a désignées par des dénominations spéciales, et l'on a divisé l'histoire de la digestion en :

Préhension des aliments,

Mastication,

Insalivation,

Déglutition,

Action de l'estomac ou chymification ,
Action des intestins ou chylification ,
Absorption du chyle.

Préhension des aliments.

Les organes de la préhension des aliments sont, dans l'homme, les membres supérieurs et la bouche. La main de l'homme lui sert à saisir les aliments liquides et solides, qu'il porte ensuite à sa bouche. Ainsi que lui, d'autres animaux se servent de leurs membres antérieurs pour prendre les aliments ; tels sont, entre autres, le singe et le chat. Un grand nombre d'animaux ne peuvent se servir de leurs membres ; chez eux la nature a pourvu à cette privation par le développement d'organes particuliers, la trompe des éléphants, la langue des fourmiliers, le suçoir des insectes ; enfin, dans le plus grand nombre, les lèvres sont les seuls organes de préhension. La bouche ı (Pl. 2, *lambeau*, et Pl. 13, fig. 7, *lambeau*) est une cavité de forme ovale, limitée, en haut, par le palais et la mâchoire supérieure ; en bas, par la langue et la mâchoire inférieure ; sur les côtés, par les joues ; en arrière, par le voile du palais et le pharynx *v p* (Pl. 2) ; en avant, par les lèvres. La bouche varie de dimensions suivant l'âge et les individus ; elle peut s'agrandir en tous sens : de haut en bas, par l'abaissement de la langue et l'écartement des mâchoires ; de côté, par la distension des joues ; d'avant en arrière, par le prolongement des lèvres et le soulèvement du voile du palais.

Mastication.

Pour que les aliments solides puissent être avalés et digérés avec facilité, il faut qu'ils aient été préalablements divisés en fragments très-petits. Cette division mécanique a lieu dans l'intérieur de la bouche : elle s'opère à l'aide des dents et porte le nom de mastication.

Les *dents* sont de petits corps extrêmement durs, implantés dans les alvéoles, et qui forment, par leurs séries non interrompues, ce qu'on appelle les arcades dentaires.

Les dents ont en général une direction presque verticale ; elles offrent trois parties distinctes (Voy. Pl. 15, fig. 1) :

1° Le corps ou la couronne, partie libre, recouverte d'un émail plus ou moins épais, destiné à préserver ces petits os de l'impression du froid et du chaud ;

2° Le col ou collet, ligne circulaire où semblent finir l'émail et la gencive ;

3° La racine ; celle-ci, plus ou moins profondément cachée dans le bord alvéolaire, est simple ou multiple, selon l'espèce de dent ; elle est rarement quintuple. Cette partie est enveloppée par une membrane très-vasculaire qui concourt à la nutrition de la dent.

Chaque dent offre une cavité qui occupe le centre de sa couronne ; cette cavité se continue en se rétrécissant jusqu'aux ouvertures des racines. Elle est remplie par la pulpe dentaire, épanouissement ou prolongement renflé de la membrane muqueuse de la bouche, qui pénètre, avec des vaisseaux et des nerfs, au fond des alvéoles, et, de là, dans les cavités dentaires.

La forme et le volume des dents sont variables ; on les divise en quatre sortes (Voy. Pl. 5, *b*) :

1° Les incisives, ou cunéiformes (1, 1, 1, 1).

2° Les canines, conoïdes ou laniaires (2, 2).

3° Les petites, ou fausses molaires (3, 3, 4, 4).

4° Les grosses, ou vraies molaires (5, 5, 6, 6, 7. 7).

La troisième dent grosse molaire (7, 7) reçoit aussi le nom de *dent de sagesse*.

Les incisives centrales supérieures offrent beaucoup plus de largeur que les inférieures ; leur nombre, leur disposition et leur structure varient fréquemment : il n'est pas très-rare de voir une troisième incisive centrale supérieure.

Les dents sont formées par le développement de germes que l'on commence à apercevoir, chez le fœtus, pendant le second mois ; ces germes, considérés comme des follicules membraneux de forme olivaire, très-petits d'abord, s'accroissent rapidement. La cavité d'un follicule, de même forme que lui, en occupe toute l'étendue ; cette cavité est remplie d'un liquide incolore, limpide, dont la consistance est un peu épaisse, sans être visqueuse. Plus tard le follicule se remplit d'une espèce de papille vasculaire et nerveuse, qui est d'abord de la forme du follicule. L'un et l'autre s'accroissent jusqu'à l'époque de l'ossification, et prennent peu à peu la forme de la couronne de la dent.

L'ossification des germes ainsi formés commence du troisième au sixième mois, se montrant au sommet des papilles dentaires sous forme de petites écailles osseuses. Il n'en existe qu'une seule pour chaque incisive ou canine ; quant aux molaires, il y en a autant qu'elles doivent présenter de tubercules distincts.

L'os ou ivoire de la dent se forme le premier, à mesure que la couronne de la dent augmente. L'émail se forme d'abord à sa surface, et en descendant jusqu'au collet de la dent. Il est composé de granulations distinctes ; en se réunissant, elles forment une couche très-mince qui, peu à peu, augmente d'épaisseur et de dureté.

Après la formation de l'émail, la dent continue à croître en dedans par la production de nouvelles couches osseuses ; la cavité dentaire diminue de largeur et s'allonge en même temps que la racine qui embrasse le pédicule de la pulpe.

A mesure que le développement de la dent se fait dans le follicule, celui-ci finit par se détruire, ainsi que la gencive à laquelle il adhère, et dont le percement est le résultat de la pression continuelle qui s'exerce sur elle ; il se fait d'ordinaire autant d'ouvertures qu'il existe de tubercules à la dent qui doit sortir.

Une alvéole est simple ou divisée en plusieurs cavités, suivant que la dent qu'elle reçoit a une ou plusieurs racines. Les racines des dents ont pour but d'assurer leur jonction avec les mâchoires dont le bord est revêtu d'une membrane fibreuse nommée gencive : cette gencive environne exactement le collet de la dent (c'est ainsi qu'on nomme la portion de la dent la plus voisine de l'alvéole).

La manière dont les dents sont fixées dans leurs alvéoles respectives varie.

Les dents incisives ont une racine simple ; les dents canines et les deux premières molaires ou petites molaires n'ont qu'une racine ; les grosses molaires ont deux, trois et quelquefois même quatre racines.

Les dents se forment dans l'intérieur de la mâchoire,

et, à mesure qu'elles grandissent, elles s'élèvent, traversent la gencive et se montrent au dehors.

Chez l'enfant nouveau-né il n'en existe pas encore ; elles ne commencent à se développer que vers la fin de la première année, et celles qui paraissent alors ne sont destinées à rester que peu de temps dans la bouche ; vers l'âge de sept ans elles commencent à tomber pour faire place à d'autres. On donne le nom de dents de *lait* à cette première série de dents, qui est propre à l'enfance.

L'évolution des dents de remplacement se fait à peu près dans l'ordre suivant :

Les quatre premières grosses molaires et les deux incisives centrales inférieures. . de 6 à 7 ans.

Les deux incisives centrales supérieures. . . . . . . de 8 à 10

Les quatre latérales. . . . . de 9 à 11

Les quatre premières petites molaires. . . . . de 10 à 12

Les quatre canines. . . . . de 10 à 13

Les quatre deuxièmes petites molaires. . . . . de 12 à 14

Les quatre deuxièmes grosses molaires. . . . . de 13 à 17

Les quatre dernières molaires, dites de sagesse. . . . . . de 20 à 25

Les seuls changements naturels et appréciables que les dents éprouvent après leur accroissement, sont : l'ossification de la pulpe, l'atrophie des vaisseaux et nerfs dentaires, l'oblitération du canal dentaire, l'usure et la sortie progressive des dents, qui finissent par tomber, souvent même avant la vieillesse.

Lorsque les aliments ont été introduits dans la bouche de la manière déjà indiquée, le voile du palais s'abaisse de façon à fermer cette cavité en arrière et à les empêcher d'être avalés immédiatement *v* (Pl. 13, fig. 7, *lambeau*); en même temps, les mâchoires s'écartent et se rapprochent alternativement; et, par les mouvements de la langue et des joues, les aliments sont continuellement ramenés sous les dents qui sont chargées de les diviser. Lorsque ces substances ne présentent que peu de résistance, la mastication peut s'opérer à l'aide des incisives, des canines ou des petites molaires; mais, pour le cas contraire, elles doivent nécessairement être portées entre les grosses molaires dont la surface est plus large; le rapprochement de ces dents est assuré par la place qu'elles occupent dans le bord alvéola re, près de l'articulation des mâchoires *m'* (Pl. 10, fig. 2).

Insalivation.

Pendant que les aliments sont divisés par la mastication, ils s'imbibent de certains liquides contenus dans la bouche, et c'est ce phénomène auquel on donne le nom d'*insalivation*.

Ces liquides (sans parler de ceux qui y sont apportés par les aliments eux-mêmes) sont fournis en assez grande abondance par de petites glandes que l'on observe à l'intérieur des joues, à l'union des lèvres et des gencives, sur le dos de la langue, sur le voile du palais, et surtout par les six glandes placées dans la bouche ou dans l'épaisseur de ses parois, et qui portent le nom de parotides, sous-maxillaires et sublinguales.

Les *glandes parotides p'* (Pl. 13, fig. 7, *lambeau*) sont placées sous la peau, entre l'oreille et la mâchoire :

elles s'ouvrent dans la bouche par un canal (*s*) placé dans l'épaisseur des joues.

Les *glandes sous-maxillaires* (*id. m*) sont placées en dedans de la partie moyenne de la mâchoire inférieure; le canal qui porte la salive formée par ces glandes, s'ouvre près du filet de la langue.

Enfin les *glandes sublinguales* sont logées sous la langue, au-devant des précédentes.

Le liquide fourni par ces trois sortes de glandes porte le nom de *salive*. Par les mouvements de mastication dont nous avons parlé, ce liquide coule dans la bouche et donne aux aliments une mollesse qui rend plus facile leur sortie de cette cavité, et leur permet de pénétrer dans le pharynx pour être avalés.

Les joues, les lèvres et la langue aident beaucoup l'insalivation des aliments, en les retenant dans la bouche, en les ramenant sous les dents et en les mélangeant avec la salive; la quantité de ce liquide est en rapport avec la saveur des substances alimentaires et avec leur nature sèche ou humide.

Déglutition.

Dès que les aliments ont été mâchés et pénétrés par la salive, la langue *e* (Pl. 13, fig. 7) parcourt les replis des parois de la bouche, recueille les fragments d'aliments qui peuvent y être retenus, et, par ses contractions, auxquelles viennent se lier les mouvements des joues et des lèvres, elle en forme une petite masse sphérique que l'on appelle *bol alimentaire*.

On peut voir, dans la fig. 7 de la pl. 13 et le *lambeau* qui la recouvre, les rapports anatomiques de la bouche, du pharynx et de l'œsophage. Dans la figure 7, la langue est horizontalement placée; dans celle du *lambeau*, elle est soulevée et représente le plan incliné qu'elle affecte dans l'acte de la déglutition. C'est sur ce plan incliné que le bol alimentaire parvient au pharynx *ph*, d'où il glisse dans l'estomac à travers le conduit *œ*. C'est à l'intérieur du pharynx que viennent s'ouvrir les fosses nasales *b*, le larynx ou canal aérien *h*, et la trompe gutturale de l'oreille *t*.

Au moment où le bol alimentaire glisse sur le plan incliné que la langue *l* forme par un double mouvement d'élévation de sa pointe et d'aplatissement de sa base, le voile du palais *v*, qui jusque-là avait été abaissé, se relève en arrière et laisse béante l'ouverture que l'on nomme isthme du gosier. Les piliers du voile du palais *b* (Pl. 2, *lambeau retourné*) augmentent encore cette ouverture, en se relâchant, et le bol alimentaire descend vers l'estomac en passant dans l'ouverture de la glotte *h* (Pl. 13, fig. 7, *lambeau*) par laquelle l'air pénètre dans les poumons.

Pendant la déglutition cette ouverture se ferme, et une soupape *ep* (Pl. 13, fig. 7) nommée *épiglotte*, qui la recouvre, s'abaisse pour empêcher les aliments d'y pénétrer. Cela pourtant peut arriver, et on avale de travers : c'est lorsqu'un rire subit, nécessitant l'élévation de l'épiglotte, permet l'introduction dans le larynx *i* (Pl. 13, fig. 7), de quelques parcelles alimentaires dont l'expulsion cause une respiration convulsive et, parfois, des accidents très-graves.

Le voile du palais, en se plaçant obliquement, empêche aussi le bol alimentaire de pénétrer dans l'ouverture postérieure des fosses nasales; enfin, la partie inférieure de l'arrière-bouche et le conduit *v* qui y fait suite ont la faculté de se dilater et de se contracter alternativement, pour faire place au bol alimentaire, et pour se resserrer ensuite sur lui et le pousser en bas : c'est par ces dilatations et ces resserremens successifs que l'aliment est porté jusqu'à la cavité de l'estomac *e* (Pl. 2). Le canal placé entre l'estomac et le pharynx se nomme *œsophage*, l'ouverture qui sépare ce canal de l'estomac se nomme *cardia*, *c* (Pl. 3).

Chymification ou action de l'estomac.

C'est par le canal *œ* et par l'ouverture *c* que chaque portion de l'aliment arrive dans l'*estomac e* (Pl. 3), espèce de poche membraneuse qui a la forme d'une cornemuse, et qui est placée en travers, à la partie supérieure du ventre ou abdomen, vers le point appelé vulgairement le creux de l'estomac. Au fur et à mesure de leur introduction dans la cavité de cet organe, les alimens se placent les uns à côté des autres, et préparent, par ce rapprochement, le travail de fermentation qui survient plus tard.

Lorsque l'estomac a été distendu par une assez grande quantité d'aliments , le cardia *ca* se resserre et apporte ainsi un obstacle soit à l'introduction de nouvelles parties, soit à la sortie de celles que contient déjà l'estomac. Lorsque, par suite d'une ingestion trop considérable d'aliments, ou de l'état maladif de l'estomac, cet organe ne peut se prêter à la distension que nécessite leur présence, le cardia se relâche, et ceux-ci, remontant de l'œsophage dans le pharynx, et du pharynx dans la bouche, sont expulsés par des contractions de l'estomac auxquelles on a donné le nom de *vomissements*. Quand, au contraire, l'estomac remplit librement ses fonctions, il devient le siége d'une série d'actions qui ont pour effet de dénaturer les aliments qu'il contient, et de les réduire en une pâte d'un gris rougeâtre, visqueuse, douceâtre et fade, le plus ordinairement acide, à laquelle on a donné le nom de *chyme*. Les actions qui amènent ce changement sont : l'augmentation de la chaleur, la trituration des aliments, et leur mélange avec un liquide particulier versé dans l'intérieur de l'estomac et appelé *suc gastrique*, liquide produit par diverses petites glandes qui s'ouvrent dans l'épaisseur des tuniques de l'estomac.

Pendant l'acte de la *chymification* tout appétit cesse, la salive est sécrétée en moindre quantité, la déglutition devient pénible et même impossible ; un léger frisson se fait sentir ; la chaleur se concentre sur la région de l'estomac, et s'élève à 32 ou 33° centigrades ; la circulation est accélérée ; les mouvements respiratoires son précipités et courts ; ce qui tient à la compression des poumons, dont le développement est gêné par la dilatation de l'estomac *e* (Pl. 2) et par le soulèvement du dia phragme *d*, *d'*, *d''* (Pl. *id*).

Pour aider à la chymification, les parois de l'estomac s'appliquent sur les aliments, qu'elles embrassent étroitement. Cette contraction fixe et immobile, appelée *péristole*, se soutient pendant tout le temps nécessaire à la chymification. Cette opération s'effectue successivement de la périphérie au centre de la masse alimentaire, par couches concentriques, de l'épaisseur d'une ligne environ. A mesure qu'une couche chymeuse est formée, le mouvement de péristole la fait glisser vers le *pylore*, *py* (Pl. 2), avec d'autant plus de facilité que le *chyme* est une pâte beaucoup moins consistante et plus liquide que le bol alimentaire. Cette couche étant expulsée, l'estomac se resserre sur celle qui était subjacente ; celle-ci

fuit à son tour, et cet effet se continue de la même manière, jusqu'à ce que tous les aliments contenus dans
l'estomac soient entièrement chymifiés. Le chyme se
forme autour des parois de l'estomac, et jamais on n'en
a trouvé dans le centre de la matière alimentaire.

La chymification commence à s'opérer une heure et
demie environ après l'ingestion des aliments, et l'on peut
évaluer la durée de ce phénomène à quatre à cinq heures
pour un repas ordinaire; mais ce temps varie selon la
constitution digestive de l'individu, selon la nature des
aliments, leur grosseur, leur préparation culinaire, etc.
Des expériences faites sur ce sujet ont établi qu'un aliment séjourne d'autant plus long-temps dans l'estomac
qu'il est plus nutritif; que les substances animales sont
plus aisément et plus complétement altérées que les
substances végétales : ces dernières traversent, en effet,
quelquefois impunément toute la longueur du tube digestif. Il résulte des mêmes expériences que les substances
grasses ou albumineuses sont les moins digestibles; que
les caséeuses et les fibrineuses le sont davantage, et
enfin que les gros morceaux sont les moins facilement
digérés. La chair bouillie est plus digestible que la chair
rôtie. Les aliments qui déplaisent à l'estomac sont rejetés aussitôt sans altération, et ceux au contraire qui le
flattent sont digérés avec facilité. On sait que le froid
appliqué extérieurement sur ce viscère suspend son
action, tandis qu'une chaleur modérée l'accélère.

De tout temps, les physiologistes ont été partagés
d'opinion sur l'essence et l'étendue de la digestion sto-
macale : on en a cherché la cause dans la coction, dans
la fermentation, dans la putréfaction, dans la trituration, dans la macération et dans la dissolution chimique
des aliments.

Une importance exclusive a été accordée, tour à tour, à une ou à plusieurs de ces hypothèses, et la dernière surtout a dû le grand crédit dont elle jouit encore aux expériences célèbres de Spallanzani. Ce savant physiologiste, en disséquant des oiseaux, parvint à extraire une abondante quantité de suc gastrique, soit par la compression de leurs glandes œsophagiennes, soit en introduisant une petite éponge dans leur jabot et en l'y laissant séjourner quelques heures, pour l'en retirer ensuite tout imprégnée de ce liquide; il plaça ce suc gastrique dans de petits vases avec des aliments convenablement divisés; il développa autour de ces vases une température analogue à celle de l'estomac pendant la vie, et la masse alimentaire fut digérée artificiellement, et se réduisit en une matière analogue à la pâte chymeuse, produit de substances alimentaires semblables introduites dans l'estomac d'un animal pris pour terme de comparaison. Depuis Spallanzani, des faits nouveaux sont venus corroborer l'explication qu'il a donnée des phénomènes digestifs : et l'on s'est assuré que le suc gastrique, filtré continuellement par les glandes de l'estomac, est une liqueur plus active et plus pénétrante que la salive, qu'il attaque les principes constitutifs des aliments, qu'il les décompose et les met dans l'état d'une dissolution complète.

Aidé par les douces contractions des fibres musculaires de l'estomac, par les mouvements alternatifs du diaphragme et des muscles abdominaux, par l'action modérée de tout le corps, par l'air que contiennent les aliments, par la chaleur animale, par les breuvages mêlés aux nourritures solides, le suc gastrique achève ce qu'avait commencé la mastication, et ce qu'avait ébauché la salive. Il opère, sur la pâte qu'il imprègne, une métamorphose plus ou moins rapide et régulière , selon la force ou la faiblesse de l'estomac, le choix des aliments, et d'autres circonstances.

Lorsque les aliments ont été suffisa ment altérés, soit par la trituration que produisent les resserrements de l'estomac sur lui-même, soit par le mélange des sucs gastriques; et que leur décomposition est assez avancée pour qu'il soit impossible de les reconnaître, l'ouverture inférieure de l'estomac, nommée *pylore, py* (Pl. 2), qui jusque-là avait été étroitement resserrée , se dilate pour donner passage à la pâte chymeuse.

Près du pylore est une valvule qui paraît avoir pour usage d'apprécier l'altération que doivent subir les aliments avant de passer dans le duodenum *d* (Pl. id.). -

Action des intestins ou chylification.

L'ouverture pylorique *py* (Pl. 3) fait communiquer la cavité de l'estomac avec le canal intestinal.

On donne ce nom à un long tube membraneux qui est contourné sur lui-même , et qui par son extrémité inférieure s'ouvre au dehors *c, d* (Pl. 2); il est logé tout entier dans la cavité de l'abdomen ou ventre, et se compose de deux parties bien distinctes : la première, très-étroite, appelée intestin grêle *d, d, i, i, i* (Pl. 2) et 2, 3 (Pl. 4, fig. 2), est le lieu où s'achève la digestion ; la seconde, boursouflée et assez vaste, est nommée *gros intestin cœ, c a, c t, c d* (Pl. 2), et 4, 5, 6, 7, 8 (Pl. 4, fig. 2), et sert comme de réservoir pour le résidu de la digestion qui doit être rejeté au dehors.

La *longueur* de tout le tube intestinal est d'autant plus grande que l'animal se nourrit davantage de substances végétales, *et vice versâ*. Dans l'*homme,* elle est à la longueur du corps : : 1 : 7; dans la *noctule,* espèce de chauve-souris très-carnassière, on trouve la proportion de 1 : 2; dans le *bélier,* celle de 1 : 27; chez le *têtard* ou larve de la grenouille, qui se nourrit de végétaux, elle est : : 1 : 10; chez la *grenouille* au contraire, qui se nourrit d'animaux, elle est de 1 : 2.

En général, la longueur du tube intestinal va en diminuant des mammifères aux poissons; et lorsque cette longueur dans un animal s'éloigne beaucoup de celle qu'elle présente chez des animaux très-voisins, dont les habitudes sont cependant les mêmes, l'on observe alors que la largeur est bien différente : généralement elle est d'autant plus grande que l'intestin est plus court.

La raison de toutes ces différences tient à la nature de l'alimentation. Il était nécessaire, en effet, que les substances animales, dont la digestion est plus facile et plus prompte, et qu'un trop long séjour eût exposées à une décomposition putride, parcourussent avec rapidité l'intestin de l'animal carnivore. Par la raison contraire, les aliments végétaux avaient besoin de séjourner plus long-temps dans l'intestin de l'animal herbivore, parce qu'ils avaient besoin de plus de temps pour s'assimiler à sa substance.

On trouve, dans les parois des intestins, des fibres musculaires qui, en se contractant, poussent devant elles les matières contenues dans ce tube; les mouvements qu'elles exécutent sont nommés *vermiformes,* parce qu'ils ressemblent à ceux d'un ver.

Les intestins sont enveloppés d'une membrane très-fine appelée *péritoine.* Cette membrane sert aussi à les fixer dans la cavité du ventre. C'est elle qui, en se repliant plusieurs fois sur elle-même, constitue: 1° une des enveloppes protectrices des organes abdominaux, l'épiploon, *e p* (Pl. 2); 2° la membrane nommée mésentère, *c, v, m* (Pl. 3), et 9, 10 (Pl. 4, fig. 2), par laquelle les intestins sont retenus dans leur situation respective, et qui contient dans son épaisseur les vaisseaux nourriciers du tube intestinal et les vaisseaux lymphatiques, *v, c,* (Pl. 3), qui charrient les produits de la digestion. C'est dans les replis du mésentère que s'accumule la graisse, chez les personnes qui sont très-grasses, et chez les animaux hibernants, qui, pendant leur léthargie, se nourrissent aux dépens de cette sorte de provision intérieure.

La première partie de l'intestin grêle, celle qui fait immédiatement suite à l'estomac, a été nommée *duodenum*, *d* (Pl. 2 et 3); c'est dans sa cavité que se passe l'acte le plus important de la digestion, c'est-à-dire le changement du chyme en un liquide rosé, d'une consistance égale à celle de l'empois, et que l'on nomme *chyle*. Pour passer à cet état, le chyme, qui sort incessamment de l'estomac, est arrosé de bile et de suc pancréatique. La bile est le produit d'une grosse glande placée dans le voisinage de l'estomac, *f* (Pl. 2). Cette glande est le *foie*, situé dans la partie droite de la cavité du ventre; il reçoit dans sa substance une assez grande quantité de sang et il en extrait le fluide dont nous avons parlé (la bile). Ce fluide s'amasse peu à peu dans une petite poche adhérente à la surface inférieure du foie, et que l'on nomme la *vésicule du fiel v. b* (Pl. 2). Des canaux qui proviennent soit de cette vésicule, soit du foie lui-même, se réunissent pour former un conduit qui perce les parois du duodenum et verse dans sa cavité la bile qui le parcourt; ces canaux sont nommés hépatiques et biliaires *c c'* (Pl. 2).

La disposition de la planche 2 permet : 1° de rétablir

les rapports anatomiques du foie et de l'estomac, en abaissant le foie *f*; 2° de comprendre les relations de la vésicule du fiel *v. b.* avec le duodenum en soulevant ce même lambeau.

Une autre glande *p* (Pl. id.) située près de l'estomac et nommée *pancréas*, verse le suc qu'elle sécrète dans la cavité du duodenum. La structure de cet organe, analogue à celle des glandes salivaires, a fait présumer qu'il remplissait des fonctions identiques; son produit a même été, par cette raison, considéré comme une espèce de salive. Quoi qu'il en soit, le conduit de cette dernière humeur vient s'ouvrir dans le *duodenum*, ou isolément, ou conjointement avec le canal cholédoque, à cinq travers de doigt de distance environ du pylore *p* (Pl. 2).

C'est au mélange du chyme avec ces deux fluides (le suc pancréatique et la bile) qu'est due la formation du chyle. Dans ce mélange, sa couleur change, son odeur aigre diminue; il prend une saveur amère, puis se sépare en deux portions : l'une liquide, c'est le chyle; l'autre solide, formée par le résidu impropre à la nutrition et qui doit être expulsé du corps. Le chyle se précipite à la surface de l'intestin pour y être absorbé par les petits vaisseaux qui viennent s'y ouvrir *v. c, v. c* (Pl. 3); ces vaisseaux sont nommés chylifères, à cause du fluide qu'ils charrient. Plus la pâte chymeuse s'avance dans le tube intestinal, plus elle se trouve dépouillée du chyle qu'elle contient; et quand elle arrive dans le gros intestin *cœ, c. a, c. l, c. d* (Pl. 2), elle peut être rejetée hors du corps, car elle ne contient plus rien de nutritif.

Absorption du chyle.

Au moyen de la digestion, la partie nutritive des aliments est transformée, comme nous l'avons vu, en un liquide destiné à se mêler au sang et à pénétrer avec lui dans toutes les parties du corps; mais le chyle ainsi formé est renfermé dans les intestins, et nous avons maintenant à examiner comment il peut s'échapper du tube digestif, et pénétrer dans les vaisseaux sanguins.

Le chyle est pompé par les bouches des vaisseaux lymphatiques qui s'ouvrent, dans l'intérieur du tube intestinal, en nombre d'autant plus grand que l'on remonte à une partie plus supérieure de ce tube. Ces vaisseaux traversent le mésentère $m, m, v. c, v. c$ (Pl. 3), aboutissent à des glandes lymphatiques placées dans la duplicature de cette portion du péritoine, en sortent en moins grand nombre, et ainsi plusieurs fois de suite, jusqu'à ce qu'ils viennent se rendre dans le réservoir de Pecquet, placé sur la partie antérieure du corps des vertèbres lombaires $r. p$ (Pl. 1). De ce réservoir part le canal thoracique $c. t$ (Pl. id.), qui, montant sur la partie gauche de la colonne vertébrale, va verser le chyle dans la veine sous-clavière du même côté $v. s. g$ (Pl. id.); cette veine va s'ouvrir dans la veine-cave supérieure, que reçoit l'oreillette droite du cœur $v. s. d$ (Pl. id. et Pl. 6, fig. 3).

A l'aide des diverses figures et des divers plans superposés de la Pl. 3, j'ai cherché à donner une idée de l'ensemble des divers actes de la digestion. Les lambeaux de la figure du milieu permettent de suivre l'aliment dans les divers points de sa route et dans les modifications successives qu'il doit y subir. Dans la

figure 7 de la Pl. 13 j'ai conservé les rapports anato-
miques du canal aérien et de l'œsophage, pour montrer la manière dont le larynx *h* s'ouvre dans l'arrière-
bouche *p*. En retournant la tête de la figure du milieu
de la Pl. 2, on voit la partie postérieure de la langue *l*,
au bas de laquelle est située l'ouverture du larynx *ep*,
et plus bas encore l'entrée de l'œsophage *œ;* sur les côtés sont indiqués les muscles du pharynx, *ph,* dont le
resserrement et le relâchement alternatifs opèrent la
déglutition des aliments. Dans le milieu de son étendue,
l'œsophage est ouvert et on voit l'intérieur, *œ*, de ce
canal, l'ouverture cardia *ca*, l'estomac *e*. L'ouverture
pylorique, *py*, conduit à l'intestin duodenum, *d*, que
l'on met à découvert en soulevant le foie, *f,* et c'est à la
surface intérieure de cet intestin que s'ouvrent les innombrables vaisseaux capillaires par lesquels est absorbé
le chyle *v. c* (Pl. 3).

Ainsi qu'il a déjà été dit, ces vaisseaux, d'abord
extrêmement déliés et en très-grand nombre, s'unissent entre eux et forment des canaux plus gros, qui à
leur tour se réunissent, traversent les *glandes mésentériques,* et vont s'ouvrir dans le *réservoir de Pecquet, r p*
(Pl. 1). Dans ce trajet, le chyle devient d'autant plus
rougeâtre, coagulable et abondant en *cruor*, qu'on l'observe plus près du réservoir. Des difficultés d'exécution
m'ont empêché de dérouler de la même manière tout
le canal intestinal, et j'ai dû me borner à faire voir
trois anses intestinales; mais j'ai la confiance que l'intelligence de mes lecteurs y suppléera.

Par suite des mouvements contractiles de l'intestin
grêle, le résidu du chyme passe dans le cœcum, où il
s'accumule sans pouvoir revenir dans le premier. Un
phénomène analogue s'établit bientôt dans le gros in-

testin. La progression est lente, soit à cause de la disposition en cul-de-sac du cœcum, soit à cause des nombreuses cellules et des contours de l'intestin, dans lequel
le mouvement a souvent lieu contre les lois de la pesanteur. La matière, dépouillée de tout le chyle, devient,
en traversant le gros intestin, plus dure, plus foncée,
et prend une odeur fétide. Elle se compose, en grande
partie, du résidu des aliments, que quelquefois l'on
retrouve en nature ; de différents sucs altérés, en particulier de la bile, qui joue ici un grand rôle, et de gaz
fétides dans lesquels prédominent l'azote, l'hydrogène
simple, carboné ou sulfuré.

Les matières alimentaires nécessaires pour renouveler les matériaux dont les organes se composent sont
puisées, comme nous l'avons vu, au dehors de l'animal,
et ont besoin, pour servir à sa nutrition, de subir une
préparation particulière à laquelle on donne le nom de
digestion.

La première des fonctions de nutrition est par conséquent chez l'homme, de même que chez tous les autres
animaux, celle de la DIGESTION.

Mais les matières nutritives, ainsi élaborées, ne doivent pas demeurer dans la cavité digestive. Pour servir
à l'entretien des organes, il faut qu'elles passent, de
cette cavité, dans la substance même du corps et qu'elles
deviennent du *sang*. Ce liquide particulier porte dans
tous les organes les matières nécessaires à leur entretien ; il sert en même temps à entraîner, hors de leur
substance, les particules éliminées par le travail nutritif,
et destinées à être expulsées du corps. C'est un fluide
plus ou moins rouge, onctueux, légèrement visqueux,
plus pesant que l'eau, d'odeur fade, nauséabonde, de
saveur salée, et savonneux au toucher. *L'analyse mi-*

croscopique y démontre de la sérosité tenant en suspension des globules qui sont circulaires dans les mammifères, elliptiques chez les oiseaux, du diamètre de 1/150ᵉ de millimètre, et qui paraissent composés d'un globule central incolore contenu dans une enveloppe colorée. L'*analyse spontanée* du sang y démontre une vapeur qui s'échappe au moment où ce liquide sort de ses vaisseaux, ainsi qu'une certaine quantité d'acide carbonique : puis il devient gélatineux et se divise enfin en *sérum* liquide, limpide, jaune-verdâtre, plus pesant que l'eau distillée et présentant au microscope de nombreux grumeaux albumineux ; et en *caillot* ou *cruor* solide, rouge, mollasse, comme spongieux et composé de globules arrondis et réguliers.

A mesure que les analyses du sang se perfectionnent, on arrive à retrouver dans ce fluide presque tous les éléments des organes ; tels sont : la fibrine pour les muscles, l'albumine pour un grand nombre de tissus, la matière grasse du cerveau et des nerfs, les phosphates de chaux et de magnésie pour les os, l'urée après l'ablation des reins, la matière jaune de la bile, etc.

Le sang présente de nombreuses variétés, selon qu'il est artériel ou veineux, selon le sexe, l'âge, la race, et surtout suivant l'état de maladie.

Pour que le chyle reçût les dernières modifications qui doivent en faire du *sang*, il fallait qu'il fût mis en contact avec l'air atmosphérique ; et qu'en empruntant à cet élément des principes réparateurs il pût lui abandonner des matériaux inutiles pour la nutrition des organes, et qui doivent nécessairement être expulsés du corps. C'est pour arriver à ce résultat que le canal thoracique s'ouvre dans la veine sous-clavière gauche, et y verse le chyle qu'il contient *c. t, v. s. g* (Pl. 1), et id. (Pl. 6., fig. 3). C'est là que se fait la communication la plus importante des vaisseaux sanguins et des vaisseaux chylifères : je dis la plus importante, car le chyle est mêlé au sang veineux dans d'autres points de la poitrine et du bas-ventre, mais il ne l'est que par l'abouchement de vaisseaux infiniment déliés, et aussi variables dans leur nombre que dans leur situation. La combinaison du chyle avec le sang veineux n'a pas lieu au moment où ces deux fluides sont mis en contact dans la veine sous-clavière gauche ; pendant quelque temps ces deux fluides coulent côte à côte sans se mêler, et ce n'est réellement que dans le cœur *c* (Pl. 3, *lambeau*) et fig. 3 (Pl. 6) qu'ils confondent ensemble leur nature. Jusque-là il est facile de les distinguer en ouvrant, sur un animal vivant, les veines sous-clavière gauche, sous-clavière droite et cave supérieure : on voit très-aisément alors les deux colonnes de ces fluides se diriger isolément vers le cœur, et l'on reconnaît l'une à sa teinte livide et à sa consistance épaisse, c'est le sang ; l'autre à sa couleur laiteuse et à son peu de densité, c'est le chyle.

Maintenant que nous sommes arrivés, par l'étude des actions digestives, à la connaissance du chyle, de ce fluide réparateur qu'elles sont destinées à élaborer, recherchons, dans un autre appareil, le secret des modifications nouvelles que subira le chyle lui-même.

Pour favoriser son rapprochement avec l'air atmosphérique, la voie la plus courte était de le mêler avec le sang veineux qui, lui aussi, a besoin de se revivifier au contact de ce fluide ; ce but est rempli par un mélange qui a lieu dans la veine sous-clavière gauche *v. s. g* (Pl. 3) et *v. c. s* (Pl. 6, fig. 3). Mais comment le sang veineux et le chyle mêlés arrivent-ils dans l'appareil pulmonaire ? C'est ce que nous allons examiner bientôt, après avoir dit quelques mots d'une difficulté qui se présente, et qui peut ôter à notre description quelque chose de la clarté que nous nous étions proposée.

Les fonctions de la vie ne reposent pas sur des actes tellement tranchés, l'histoire de chacune d'elles ne constitue pas un tout tellement complet, absolu et indépendant, que l'on ne doive s'attendre à y rencontrer des points d'intersection et des transitions qui les lient les unes aux autres et qui, parfois, les enlacent étroitement.

Déjà nous avons vu les actions digestives se fondre, en quelque sorte, dans la circulation, en empruntant le secours de cette fonction pour exporter leurs produits ; bientôt nous allons retrouver cette même circulation prêtant ses vaisseaux conducteurs et son organe central d'impulsion, pour porter dans les poumons un sang vicié qui, bientôt après, sortira de ces organes enrichi de qualité nutritives ; plus tard la circulation sera de nouveau chargée du soin de faire parcourir à ce fluide tous les tissus de l'organisation, et c'est par elle que sera opéré le mouvement continuel de composition et de décomposition qui a reçu plus particulièrement le nom de nutrition.

Ainsi, pour suivre, sur les pas de la nature, l'histoire de ces diverses actions, il conviendrait, avant de passer de l'étude de la digestion à celle de la respiration, d'entamer l'examen de la circulation, puis de revenir à la respiration, et de finir en complétant l'examen des phénomènes circulatoires. Ces dépendances mutuelles qu'un tableau présenterait simultanément, mais qui, dans un livre, ne peuvent être décrites que successivement, seront plus tard moins difficiles à saisir. Pour ce moment, et afin de ne pas engager le lecteur dans les détours d'un labyrinthe inextricable, je m'occuperai immédiatement de l'étude de la respiration, et j'examinerai les changements que ce nouvel acte apporte au fluide nourricier, sans me préoccuper de l'origine de ce fluide, ni de l'impulsion qui l'a porté jusque dans le tissu des poumons.

Avant de passer à l'examen des phénomènes respiratoires, et de constater les changements importants que le sang veineux et le chyle reçoivent dans les poumons, il est indispensable de dire quelques mots de l'*absorption*, cet acte par lequel les êtres vivants pompent et mêlent à leurs humeurs les substances qui les environnent, et celles qui sont déposées dans la profondeur de leurs organes.

Absorption.

L'absorption s'exerce, dans le canal alimentaire, sur les aliments ou les boissons; à la surface de la peau et des membranes muqueuses, sur les substances étrangères avec lesquelles ces membranes sont accidentellement mises en contact.

Ainsi, tous les points du corps peuvent être le siége de l'absorption qui, ainsi que nous venons de l'indiquer, n'est autre chose que l'ensemble des actions par lesquelles sont recueillis les matériaux nutritifs, tant externes qu'internes, et sont fabriqués les fluides qui serviront eux-mêmes de base à la composition du *sang*.

Les absorptions se distinguent en *absorption digestive*, qui se fait dans l'appareil digestif, sur les aliments et les boissons, soit par les vaisseaux *chyliferes*, soit par les *veines*. Les veines absorbent plus spécialement les boissons et les substances étrangères, telles que les substances colorantes, odorantes et salines; les vaisseaux chylifères absorbent spécialement les aliments, et très-rarement les substances étrangères. L'*absorption respiratoire* agit au dedans des poumons sur l'air de la respiration ; l'*absorption interstitielle* ou *décomposante* reprend dans tous les organes du corps un certain nombre de leurs matériaux, pour que son volume n'augmente pas indéfiniment, et que la décomposition équilibre en lui la composition. C'est cette absorption interstitielle qui diminue le thymus après la naissance, etc. Les *vaisseaux lymphatiques* et les *radicules veineuses* en sont les agents.

Je ne crois pas nécessaire de parler ici de la composition de la lymphe : cette humeur est peu différente du chyle, et l'analyse chimique y a retrouvé à peu près les mêmes éléments. Il importe de connaître son origine. La lymphe est une humeur formée de matériaux saisis dans la profondeur de toutes les parties, et de la réunion de tous les sucs produits par l'organisation tout entière. Ces sucs, versés dans des surfaces qui n'ont aucune communication au dehors, augmenteraient indéfiniment, si l'absorption ne les reprenait à mesure que la sécrétion les a produits. Il est bien évident que le résultat d'une réunion de fluides si disparates, et qui n'ont rien de commun que la source d'où ils proviennent, c'est-à-dire le sang, ne saurait présenter une composition aussi spéciale que celle de la lymphe, si elle n'était modifiée par les organes qui la recueillent et par ceux qui la charrient.

Toutefois, les physiologistes sont loin de s'accorder sur cette origine multiple de la lymphe : les uns pensent qu'elle consiste seulement dans les sucs sécrétés, d'autres y ajoutent les éléments usés qui constituent les organes ; suivant une troisième opinion , la partie séreuse du sang , arrivée aux dernières extrémités des vaisseaux particuliers dans lesquels il circule , passerait dans les vaisseaux lymphatiques au lieu d'être reprise par les veines.

Ce qu'il y a de certain , c'est que la lymphe n'existe pas comme fluide avant qu'on ne la voie dans les vaisseaux absorbants qui la recueillent, et qu'elle n'est visible qu'après qu'elle en a franchi les radicules. Elle s'avance alors à travers les nombreux ganglions qui lui servent de point de repos ; ou , après s'être sans doute perfectionnée, elle se rend soit dans le canal thoracique, où nous avons vu qu'elle se mêlait avec le chyle , soit dans un grand vaisseau lymphatique situé sur la colonne vertébrale du côté opposé au *canal thoracique* , et aboutissant dans la veine sous-clavière droite , qui lui correspond *c. t* (Pl. 1).

Tous les points du corps peuvent être le siége d'une absorption plus ou moins rapide ; c'est par ce phénomène que les liquides injectés dans l'estomac se retrouvent peu de temps après mêlés au sang veineux. Seul , il peut expliquer comment des poisons placés sur les lèvres, sur l'œil, ou sur une petite écorchure de la peau, pénètrent dans l'intérieur du corps et donnent la mort avec la même rapidité que s'ils eussent été introduits directement dans l'estomac.

RESPIRATION.

La respiration est l'acte des fonctions nutritives dans lequel les produits des absorptions , le chyle et le sang veineux sont changés en un fluide éminemment nutritif et réparateur. Cette conversion se fait dans les poumons, sous l'influence de l'air atmosphérique.

Air.

L'air entoure la terre d'une couche de plus de quinze lieues d'épaisseur : il constitue ainsi l'atmosphère qui nous presse de toutes parts, se trouve en contact immédiat avec nos parties vivantes, et remplit toutes les cavités de notre corps qui communiquent à l'extérieur.

L'air atmosphérique est composé de soixante-dix-neuf parties de gaz azote, de vingt-une parties de gaz oxygène, d'un atome de gaz acide carbonique et d'une quantité variable de vapeur d'eau. Une foule d'autres substances et de principes viennent souvent compliquer sa composition, mais il est rare que ce ne soit pas au préjudice de la *respiration*. Les proportions d'oxygène et d'azote sont essentielles à l'accomplissement régulier de cette fonction. Un excès d'azote amène la suffocation, tandis qu'un surcroît d'oxygène use la vie : nous dirons plus bas pourquoi. L'air le plus favorable à la respiration est celui qui réunit aux principes que nous venons d'indiquer un certain degré de sécheresse et une température modérée. Il est cependant certains cas de maladie dans lesquels la *respiration* se trouve aidée par un air moins pur, surtout plus humide : c'est ainsi que les phthisiques préfèrent l'air épais et chargé d'émanations animales, tel qu'on le rencontre dans les étables, à l'air sec et vif qu'on respire dans les lieux élevés.

L'oxygène est le principe actif de l'air; la fonction qui nous occupe dépend entièrement de son action : c'est, d'ailleurs, le gaz auquel se rapportent la plupart des combinaisons chimiques. Le gaz azote n'est là que pour le diviser, pour étendre son volume, de manière à ce qu'il pénètre d'une manière égale et uniforme dans toutes les parties de la poitrine. Telle est aussi la raison pour laquelle les deux gaz ne sont point intimement unis dans l'atmosphère, mais simplement dans un état de mélange qui leur permet de se séparer l'un de l'autre avec la plus grande facilité.

On sait que la combustion est due à l'oxygène : c'est par la combinaison de ce gaz avec certains corps que s'opère ce phénomène. Nous verrons quelle influence il exerce dans la production de la chaleur animale, si, toutefois, ce dernier phénomène n'est pas entièrement dû à l'action de ce gaz sur le sang.

Poumons.

Les poumons sont des organes spongieux ; ils sont contenus dans la cavité de la poitrine *p. d.* et *p. g* (Pl. 3, *lambeaux*) et formés par la réunion d'un grand nombre de vésicules qui communiquent toutes les unes avec les autres. C'est dans ces vésicules que s'introduit l'air extérieur : quand il pénètre dans leurs cavités, il les distend et augmente ainsi le volume total du poumon, c'est ce qui arrive dans l'inspiration ; quand, au contraire, les poumons se vident de l'air qui les avait distendus, leur volume diminue, c'est ce qui arrive dans l'expiration. La respiration diffère de l'acte nutritif que nous venons d'étudier, en ce que son exercice doit avoir lieu sans interruption, car l'entretien de la vie dépend de cette continuité d'action ; tandis que la *digestion* ne s'exécute que par intervalles. L'action de cette dernière fonction peut être, en effet, suspendue pendant un temps plus ou moins long, sans que la mort en soit la suite instantanée, comme le prouvent les abstinences prolongées qu'ont subies certains individus dans des circonstances particulières.

La respiration est caractérisée par l'entrée et la sortie alternative de l'air dans les poumons : c'est donc un mode de digestion dont l'air est l'agent

Canaux aériens.

L'air arrive dans la structure spongieuse des poumons à l'aide de petits canaux qui se ramifient dans leur substance. Ces canaux sont appelés *bronches*, *br* (Pl. 3), *br* (Pl. 5, *a* et 5, *b*); ils sont le résultat de la division d'un conduit unique, qu'on appelle *trachée-artère*, *t* (id. id.). Cette trachée-artère communique elle-même avec l'arrière-bouche par un canal plus évasé, appelé larynx, *l* (id. id.); *h*, *i* (Pl. 13, fig. 7) et fig. 7, 8 (Pl. 6): c'est dans la cavité de ce dernier organe que se passe le phénomène de la voix, qui est le produit des vibrations imprimées à l'air par la cavité du larynx. Larynx, trachée-artère, bronches sont donc des noms destinés à désigner divers points d'un seul et même canal, qui est le *canal aérien*. La planche 5, *a*, et son verso, la planche 5, *b*, donnent une idée assez satisfaisante des rapports anatomiques de ces divers canaux ; à la planche 5, *a* on voit la face antérieure des canaux aériens et des poumons dans lesquels ils se distribuent ; au verso, et dans les mêmes contours, on voit leur face postérieure. Tous ces conduits sont tapissés par une membrane mince qui se continue supérieurement avec celle qui revêt l'intérieur de l'arrière-bouche, des fosses nasales et de la bouche; ils sont formés par un grand nombre de petits cerceaux cartilagineux placés les uns au-dessus des autres *t. br* (id. id,). Ces anneaux sont très-élastiques, et empêchent le canal aérien de s'affaisser, et d'opposer ainsi un obstacle à l'arrivée de l'air dans les poumons.

C'est en s'introduisant par les fosses nasales *b* (Pl. 13, fig. 7) ou la bouche *u* (id. id.), dans l'arrière-bouche, dans le larynx, dans la trachée-artère et dans les bronches, que l'air extérieur pénètre jusque dans les cellules pulmonaires. Comme les canaux qu'il parcourt se subdivisent sans cesse en diminuant de volume, la colonne d'air se trouve aussi se diviser, et elle n'arrive dans les cellules des poumons que sous des volumes très-déliés. C'est à cet état seulement que s'opère l'action de l'air sur le sang veineux, qui, de son côté, a été apporté dans les poumons par des vaisseaux que nous connaîtrons plus tard.

Pour le moment il nous suffit de savoir qu'aussitôt qu'une bulle d'air est mise en contact avec une particule de sang veineux, ce sang éprouve un changement notable : il était noir, lourd, épais, chargé de principes non nutritifs et de produits excrémentitiels recueillis dans tous les points du corps : il charriait de la sérosité, de la lymphe, des matières carbonées; l'air extérieur vient-il à l'atteindre, au moment même ce sang veineux est décomposé, et fait place à un sang rouge, spumeux, et qui a reçu de cette modification les qualités nutritives qu'il n'avait pas auparavant.

Que s'est-il donc passé dans ce contact de deux fluides si différents, l'air et le sang veineux? L'air a été décomposé, le sang veineux l'a été également : en entrant dans les poumons, l'air contenait, sur 100 parties, 79 d'azote, de 20 à 21 d'oxygène, et quelques traces de carbone; en sortant du poumon, il n'a plus que 18 parties d'oxygène, 2 ou 3 d'acide carbonique, 79 d'azote. C'est donc au mélange de l'oxygène avec le sang veineux qu'est due la formation du sang nutritif ou artériel. C'est à l'oxygène que l'air doit ses proprié-tés vivifiantes; par la respiration des animaux, cet oxygène disparaît en partie et se trouve remplacé par un autre gaz appelé *acide carbonique.*

Le gaz acide carbonique, loin d'être propre à l'en-tretien de la vie, agit même comme un poison sur les animaux qui le respirent pendant quelque temps, et il en occasionne la mort.

Par la respiration des animaux dans un lieu où l'air ne se renouvelle pas facilement, l'air peut donc être peu à peu vicié et produire l'asphyxie.

Le gaz acide carbonique (qui est composé d'oxygène combiné avec du carbone ou charbon) éteint les corps en combustion; il se forme aussi par la combustion du charbon, pendant la fermentation du vin, de la bière, etc. C'est de l'action de cet acide sur l'économie animale que dépend l'asphyxie produite par la vapeur du charbon, ainsi que la plupart des accidents du même genre qui ont lieu dans les mines, les souterrains, les puits, et dans les cuves où fermente le vin ou la bière. Dans une grotte située près de Naples, il s'en dégage continuellement de l'intérieur de la terre, et ce gaz oc-casionne des phénomènes qui, au premier aperçu, pa-raissent très-singuliers et excitent la curiosité de tous les voyageurs : lorsqu'un homme entre dans cette ca-verne, il n'éprouve aucune gêne dans la respiration ; mais s'il est accompagné d'un chien, cet animal ne tarde pas à tomber asphyxié à ses pieds, et périrait promptement si on ne le reportait au grand air. Cela dépend de ce que l'acide carbonique, étant beaucoup plus lourd que l'air, ne s'y élève pas, mais reste près du sol et y forme une couche d'environ deux pieds d'épaisseur. Or, un chien qui pénètre dans la grotte se trouve par conséquent plongé tout entier dans ce gaz méphitique, et doit nécessairement s'y asphyxier; tandis qu'un homme, dont la taille est beaucoup plus élevée, n'a que la partie inférieure de son corps exposée à l'action de l'acide carbonique, et respire librement l'air pur qui se trouve au-dessus. Ce lieu remarquable est connu sous le nom de la *grotte du Chien*.

Une source atmosphérique fort curieuse existe dans les bois qui entourent le lac Laacher, et rappelle, quoique sur une échelle plus petite, la grotte du Chien. C'est un dégagement souterrain d'acide carbonique, qui se fait jour silencieusement à travers le sol, et vient aboutir dans une espèce de fosse de deux à trois pieds de profondeur, pratiquée dans la terre végétale au milieu des broussailles. Lorsque l'air est calme, la cavité se remplit presque uniquement d'acide carbonique, et il en résulte une asphyxie assez prompte pour les êtres qui viennent y respirer. Le fond du trou est couvert de débris : les insectes et surtout les fourmis y arrivent en grand nombre pour chercher leur nourriture, mais, privés d'air, ils y demeurent la plupart; et les oiseaux à leur tour, apercevant l'appât trompeur, volent vers le piége, et y sont pris. Les bûcherons, qui sont au courant de cette manœuvre, visitent régulièrement la source atmosphérique de Laacher, et tirent profit de cette chasse dont la nature seule fait tous les frais.

L'air expulsé des poumons est en partie dépouillé de son oxygène et chargé de gaz acide carbonique ; mais,

outre ce changement de composition chimique, il diffère de l'air inspiré par la quantité de vapeur aqueuse
qu'il entraîne avec lui, et qu'il abandonne en se refroi-
dissant : cette exhalation se voit surtout en hiver, où
l'air expiré s'échappe de la bouche ou du nez sous
forme de vapeur. Cette eau en vapeur provient, comme
l'acide carbonique, du sang qui traverse les poumons, et
constitue ce que les physiologistes appellent la *transpiration pulmonaire*.

Chaleur animale.

Nous avons dit qu'on admet aujourd'hui que la cause
de la chaleur animale est la combustion de l'hydrogène
et du carbone du sang veineux par l'oxygène de l'air inspiré. Cela ne veut pas dire que le poumon soit un foyer
constamment embrasé : le fait seul de sa température,
qui n'est pas sensiblement plus élevée que celle des autres organes, se refuse à l'admission d'une opinion
semblable. Mais, sans chercher à comparer rigoureu-
sement les phénomènes de l'oxygénation du sang avec
les effets qui se manifestent par l'action de ce gaz sur
les corps inorganiques, il est permis de présumer que,
si l'oxygène est éminemment propre à développer la
chaleur dans tous les corps, il doit être un des princi-
pés qui la font naître et l'entretiennent dans l'homme
et dans les animaux.

La faculté de produire ainsi de la chaleur leur est
commune à tous : mais la plupart de ces êtres développent si peu de calorique, qu'il ne peut être apprécié
par nos thermomètres ordinaires ; tandis que chez
d'autres la production de la chaleur est si grande,

qu'on n'a même pas besoin d'instruments de physique pour en constater l'existence.

Cette différence énorme, dans la faculté de produire de la chaleur, occasionne des différences correspondantes dans la température des divers animaux. Un thermomètre placé dans le corps d'un chien ou d'un oiseau, par exemple, s'élèvera toujours à 36 ou 40° (centigrades), tandis que dans le corps d'une grenouille ou d'un poisson il indiquera une température à peu près égale à celle de l'atmosphère au moment de l'expérience.

On donne le nom d'*animaux à sang froid* à ceux qui ne produisent pas assez de chaleur pour avoir une température propre et indépendante des variations atmosphériques ; et on appelle *animaux à sang chaud* ceux qui conservent une température à peu près constante, au milieu des variations ordinaires de chaleur et de froid auxquelles ils sont exposés, et qui présentent même ordinairement un excès sensible de chaleur sur les corps environnants. Les oiseaux et les mammifères sont les seuls êtres qui appartiennent à cette dernière catégorie, tous les autres animaux sont des animaux à sang froid.

La température du corps de l'homme est de 36° centigrades (ou 29 du thermomètre de Réaumur) soit en Sibérie où le froid atteint jusqu'à 70°, soit en Nigritie où la chaleur s'élève jusqu'à 40°, et, d'après quelques observations récentes, à 112°, et même à 125°. La température de la plupart des autres mammifères ne varie guère que de 36 à 40°, celle des oiseaux s'élève à environ 42° centigrades.

L'appareil de la calorification est un point sur lequel les physiologistes sont fort divisés. Les uns n'admettent pas d'appareil : tel est Chaussier, qui admet sous le nom de *caloricité* une propriété vitale primitive en vertu de laquelle les êtres vivants dégagent leur calorique. D'autres admettent un appareil distinct ; il serait, suivant les uns, local et unique : le cœur, les poumons, le système nerveux et surtout la moelle épinière. Suivant les autres, il serait multiple : ainsi le calorique serait dégagé, dans tout le cours de la circulation, par quelque cause mécanique, telle que le frottement ; ou dans le parenchyme de chacun des organes sous l'influence du sang artériel et du système nerveux. Aujourd'hui l'on reconnaît que la calorification est, en général, en raison directe de l'intensité de la respiration. Cette théorie se démontre dans la série des êtres, ainsi les animaux à sang froid respirent très-incomplétement ; et les oiseaux, qui sont, de tous les animaux à sang chaud, ceux qui développent le plus de chaleur, ont aussi une respiration double. Les divers âges de l'homme donnent encore une confirmation à la théorie que nous venons d'exposer : ainsi l'enfant nouveau-né et le vieillard ont une température bien plus basse que le jeune homme.

Parmi les théories proposées pour rendre compte de la production de la chaleur dans l'acte respiratoire, celle de Lavoisier et de Séguin tient le premier rang. Suivant eux, la chaleur provient de la combustion de l'hydrogène et du carbone du sang veineux par l'oxygène de l'air inspiré ; mais cette théorie ne rend pas compte de toute la chaleur dégagée. Ainsi, l'acide carbonique exhalé n'est point en rapport nécessaire avec l'oxygène absorbé ; cet acide peut être exhalé, quoique l'animal ne respire que de l'hydrogène ; la chaleur qui serait produite par la formation de cet acide ne serait que les 40 à 60 centièmes de la chaleur dégagée par l'animal ;

enfin, si l'on ajoute à cette quantité la quantité produite par la formation de l'eau, l'on n'obtiendra que les 70 à 80 centièmes de la chaleur totale; il faudrait donc recourir à une autre cause qui produirait le surplus; ce serait une sécrétion, suivant les uns, une action essentiellement nerveuse, selon d'autres.

Quant aux causes du refroidissement, ce sont : 1° le rayonnement (dont les vêtements sont destinés à ralentir les effets) ; 2° le contact permanent et le renouvellement des couches d'air qui entourent le corps; 3° la soustraction de calorique produite, dans les poumons, par l'air frais qui y est introduit; 4° la transpiration pulmonaire ; 5° la transpiration et l'évaporation cutanées : cette dernière cause, la plus efficace de toutes, signalée, pour la première fois, par Franklin, qui comparait le corps à un alcarazas, a été démontrée par les expériences de Berger et Delaroche.

Après avoir établi les causes de la chaleur animale et celles du refroidissement, cherchons à expliquer la possibilité d'une température à peu près fixe. Supposons un homme plongé dans une atmosphère à 40° au-dessous de 0 ; toute la surface de sa peau se refroidira, la transpiration cutanée sera réduite au minimum, et dèslors la production intérieure de la chaleur ne sera plus nécessaire que pour réparer les pertes produites par le rayonnement et par la conductibilité. Si, au contraire, cet homme est plongé dans une atmosphère de 50°, la peau s'échauffera, la transpiration cutanée et l'évaporation deviendront intenses, et dans les deux cas l'équilibre se rétablira. Mais si le sujet est plongé dans un bain très-chaud, l'évaporation ne pourra plus avoir lieu, et la mort pourra survenir.

Tous les gaz ne peuvent pas favoriser la formation du

sang artériel, qui est due bien évidemment au contact de l'oxygène. Si tout autre gaz se trouve dans les poumons, il amène plus ou moins promptement la mort. L'oxygène lui-même, quand il est pur, devient mortel; son mélange avec l'azote, dans des proportions différentes de celles de l'air, ne peut pas être impunément respiré. On appelle gaz méphitiques ceux qui non-seulement ne peuvent entretenir la respiration des animaux, mais les tuent plus ou moins promptement.

Puisque l'air est vicié par la respiration, puisque son oxygène disparaît pour être remplacé par l'acide carbonique, on comprend facilement que ce fluide doive se renouveler sans cesse dans l'intérieur des poumons : et c'est effectivement ce qui a lieu par suite des mouvements alternatifs d'inspiration et d'expiration.

Mécanisme de la respiration.

Le mécanisme par lequel l'air est appelé dans les poumons, ou en est expulsé, est très-simple et ressemble assez bien au jeu d'un soufflet, avec cette différence que, pour les poumons, l'air pénètre dans cet organe et s'en échappe par le même conduit, ce qui n'a pas lieu pour le soufflet. En effet, les poumons sont logés dans une grande cavité, appelée poitrine ou thorax *cq* et *s* (Pl. 7, fig. 1 et 2), dont les parois sont mobiles et disposées de façon à pouvoir s'agrandir et se resserrer alternativement; les poumons suivent toutes ces variations, et se dilatent ou diminuent par suite de ces mouvements. Dans le premier cas, l'*inspiration* (le thorax se dilate), l'air pressé par tout le poids de l'atmosphère se précipite dans la poitrine à travers la bouche ou les fosses nasales et la trachée-artère, et vient remplir les cellules pulmonaires; de la même manière que l'eau monte dans une pompe dont on élève le piston. Dans le second cas, lors du mouvement d'*expiration* (le thorax se resserre), l'air contenu dans les poumons est, au contraire, comprimé et s'échappe en partie au dehors par la voie qui a déjà servi à l'entrée de ce fluide. J'ai disposé les poumons, sur la Pl. 3, de manière à faire comprendre leurs rapports dans la cavité de la poitrine; on peut, en les soulevant, voir la face interne des côtes et la partie postérieure des poumons. Dans le poumon droit (Pl. 5, *a*), j'ai supposé qu'une section faite à son tissu divisait les vaisseaux qui le pénètrent et s'y subdivisent; cela donne une idée suffisante de la structure spongieuse de cet organe, et de l'intrication si compliquée des vaisseaux aériens, veineux et artériels qui y apportent les éléments de l'hématose.

La cavité du *thorax* est formée principalement par les côtes, qui, en arrière, s'attachent aux vertèbres du dos, et, en avant, viennent s'appuyer sur l'os sternum *co, co* (Pl. 7, fig. 1). Les espaces que les côtes laissent entre elles sont remplis par des muscles, et inférieurement cette espèce de cage est séparée du ventre par une cloison charnue appelée le *muscle diaphragme d, d', d"* (Pl. 2, *lambeau*) et 2, 2, 17 (Pl. 4, fig. 3).

L'agrandissement de la poitrine, ou l'inspiration, est le produit, d'une part, de l'élévation des côtes; d'une autre part, du relâchement des fibres du muscle diaphragme qui, dans cet état, s'élève en forme de voûte dans l'intérieur de la poitrine. Voici comment cette dilatation a lieu : les poumons, par leur propre élasticité, et surtout par la contraction des fibres charnues qui entrent dans la composition des bronches, agrandissent ou diminuent leur capacité. Dans l'expiration, le diaphragme se contracte; sa surface, de convexe qu'elle était, devient plane, puis concave, ce qui détermine l'agrandissement de la cavité thoracique dans la direction de son diamètre vertical. Tel est, le plus souvent, l'unique procédé par lequel s'effectuent l'inspiration et l'expiration, à moins que des circonstances particulières ne nécessitent, pour le premier de ces deux actes respiratoires, un développement de force plus grand. Dans ce cas, les côtes et le sternum sont soulevés, et la poitrine est agrandie dans le sens de ses diamètres transversaux, et d'avant en arrière. La capacité du thorax étant augmentée, le poumon qui lui est contigu se dilate aussi; et l'air extérieur vient pénétrer dans son tissu par le seul fait de l'équilibre auquel il est soumis, et à peu près comme il entre dans un soufflet quand on en écarte les plateaux.

Le besoin de respirer se fait impérieusement sentir dès que la portion d'air qui a été introduite dans le poumon a été employée; on ne peut résister long-temps à ce besoin.

Chez l'homme, on compte en général près de vingt mouvements d'inspiration par minute; et comme il entre ordinairement, à chacun de ces mouvements, environ 655 centimètres cubes d'air dans les poumons, il s'ensuit que, dans l'espace de vingt-quatre heures, un homme fait entrer dans sa poitrine à peu près dix-neuf mille litres de ce fluide.

Nous sommes avertis du degré d'altération que l'air a subi dans nos poumons par un sentiment qui nous porte à le renouveler. Ce sentiment, peu appréciable dans la respiration ordinaire, parce que nous nous hâtons d'obéir au besoin fréquent d'un renouvellement de l'air, devient douloureux s'il n'est pas promptement satisfait : à ce degré il est même accompagné d'anxiété et d'effroi.

Phénomènes secondaires.

Les mouvements de la respiration ont lieu souvent pour d'autres causes que l'oxygénation. Ainsi, ils sont employés :

1° Dans les efforts ; en ce sens que, les poumons étant dilatés par l'air, la glotte se ferme, puis les muscles expirateurs se contractent pour expulser la masse d'air introduite par l'expiration. Alors le thorax, devenu momentanément immobile, fournit un point d'appui plus résistant aux muscles qui doivent entrer dans la production de l'effort.

2° Dans la *toux*, l'air est expiré brusquement, produit un bruit remarquable, balaie les bronches et la trachée-artère, et entraîne les mucosités qui constituent les crachats.

3° Dans l'*éternument*, l'air est expulsé presque en totalité par les fosses nasales qu'il balaie.

4° Dans le *soupir*, qui n'est qu'une large et lente inspiration produite d'intervalle en intervalle, et dont la cause est souvent morale, quelquefois physique, lorsque, par exemple, on est dans le vide ou qu'on respire un air appauvri ; le soupir alors a pour but de faire pénétrer dans le poumon tout le volume d'air que réclame la quantité de sang veineux qui s'y est accumulée lentement.

5° Dans le *bâillement*, qui est une expiration plus longue, plus profonde, plus involontaire qu'une inspiration ordinaire, accompagnée d'un grand écartement des mâchoires, d'une expression faciale particulière, et quelquefois de pandiculations qui donnent aux membres une attitude immobile, et les changent en points d'appui de l'action musculaire; cette inspiration est suivie d'une expiration prolongée et qui se fait avec un bruit sourd.

6° Dans le *rire*, qui consiste dans la succession de petites expirations saccadées, bruyantes, accompagnées de l'expression faciale gaie, et précédées d'une grande inspiration. Le diaphragme et ses nerfs jouent un grand rôle dans ce mouvement respiratoire.

7° Dans le *sanglot*, qui se rapproche beaucoup du rire par son mécanisme, avec cette différence qu'il est dû aux affections tristes, et s'accompagne souvent de pleurs.

8° Dans le *hoquet*, qui provient de la contraction spasmodique du diaphragme qui, déterminant l'entrée de l'air par saccades, produit des inspirations soudaines, sonores et fatigantes.

De nombreuses théories ont été proposées sur la respiration : les unes sont *mécaniques*, d'autres *chimiques*. La théorie de Lavoisier et de Laplace consiste à admettre que l'oxygène qui est enlevé à l'air s'unit au carbone et à l'hydrogène du sang veineux; qu'il en résulte de l'acide carbonique et de l'eau, qui se montrent dans l'air expiré, et que, par suite de ces combinaisons, il se dégage assez de chaleur pour entretenir le corps à sa température ordinaire. Ainsi que nous l'avons déjà dit, la respiration est assimilée à une combustion. Une théorie que l'on pourrait appeler *physiologico-chimique* établit une certaine analogie entre la respiration et la digestion. L'air éprouverait, suivant son auteur, une première élaboration en traversant la bouche et les fosses nasales, et en circulant jusqu'au fond des vésicules bronchiques ; suivant l'impression qu'il ferait sur le poumon, il serait digéré ou rejeté. L'oxygène de l'air absorbé par les lymphatiques traverserait les ganglions bronchiques, et parviendrait au canal thoracique, puis aux veines sous-clavières ; il s'y mettrait en contact avec l'hydrogène et le carbone du sang veineux ; il en opérerait la combustion, dont les produits viendraient enfin s'exhaler dans les poumons.

Tel est le tableau des actes importants et des résultats secondaires qui sont relatifs à la respiration. Pour me résumer, je crois pouvoir transcrire ici une brillante peinture de ces phénomènes compliqués, empruntée à l'éloge académique de M. le professeur Laënnec, par M. Pariset. Si j'avais besoin de me faire pardonner cette digression presque littéraire, je dirais que je n'ai pu résister au désir de reposer l'esprit de mes lecteurs par la vue d'un tableau merveilleux, modèle de style et de savoir, et qui témoigne de ce que peuvent produire, dans un esprit élevé, la connaissance infaillible des faits, la délicatesse exquise du goût, et la simplicité élégante de l'expression :

« De toutes nos cavités, dit M. Pariset, celle où, après la cavité cérébrale, se consomment les phénomènes les plus importants et les plus délicats, c'est la cavité thoracique : les plus délicats, ai-je dit, car ils se passent entre l'air et le sang, de molécule à molécule, à travers des pores imperceptibles qui les unissent ensemble et les séparent ; les plus importants, car, pour peu que ces phénomènes soient arrêtés ou suspendus, la vie s'éteint. C'est donc là que la vie, sans cesse menacée, se renoue sans cesse ; c'est là que s'opère, de moment en moment, une sorte de résurrection que l'on pourrait appeler perpétuelle. J'ajoute que c'est de là que part, pour être distribué dans toute l'économie, le liquide éminemment réparateur, le sang artériel, que ces phénomènes préparent, et qui sert peut-être moins encore à la nutrition des organes qu'à l'excitation du système qui vivifie tous les autres.

» Tels sont les miracles dont cette caisse mystérieuse est comme le sanctuaire; car ici tout est divin. Une conséquence à tirer de là, c'est que, pour maintenir la vie, l'action de ces organes ne doit jamais s'interrompre; il faut qu'elle soit continue, plus continue que celle de l'estomac et du cerveau. Retracez maintenant à vos esprits l'admirable mécanisme dont cette caisse est animée; représentez-vous ces masses pulmonaires, molles, spongieuses, épanouies, élastiques, contractiles, sensibles, creusées dans leur intérieur de millions de canaux d'une excessive ténuité, destinés les uns à l'air, les autres au sang; considérez ce dernier liquide, si variable dans sa quantité, si variable surtout dans sa composition; la multitude et l'inconstance de ses éléments; ceux de ces éléments qui se séparent de tous les autres sous forme de gaz, comme le pensent Arétée et Lobstein; ceux qui s'exhalent sous forme de vapeurs et se condensent sur des surfaces ou dans des canaux voisins, pour en entretenir la souplesse ou retenir les corpuscules que l'air y porte si souvent avec lui; ceux qui s'épanchent dans les interstices environnants, pour y former des dépôts morbifiques de nature, de consistance et de couleurs si diverses; considérez les mouvements de ce sang, ralenti, précipité par les passions, le repos, l'exercice, la course, le travail, et pouvant ainsi forcer le calibre de ses propres canaux; considérez le milieu qui nous environne, cet air qui, bien que identique dans toutes les régions du globe, reçoit

néanmoins tant de modifications opposées, et de la température, et des subtiles matières qu'il enlève de partout, et des miasmes dont il est le véhicule ; qui, ac-
cumulé, retenu, comprimé par des efforts, ou faisant
explosion par des cris, distend outre mesure la membrane qui le reçoit, en rompt la substance, en déchire
les vaisseaux ; qui peut d'ailleurs agir sur cette membrane de tant de manières, l'humecter et la relâcher,
ou la dessécher, l'irriter, l'enflammer, l'épaissir, la dur-
cir, en pervertir profondément les habitudes et les produits ; songez au principal agent de la circulation, au
cœur ; à l'entrelacement de ses dépendances et de ses
connexions ; à sa structure intérieure, à ses ouvertures
et à leurs valvules ; à ses cavités et à la cloison qui les
sépare ; à la tunique flexible et fixe qui l'enveloppe et
l'assujettit ; aux altérations qui en diminuent, en augmentent, en dénaturent la substance, et en font changer le volume, la figure, la situation ; songez aux conditions primitives de tant de parties si diverses, à leur
force, à leur faiblesse originelle, aux oscillations si
étranges de résistance ou de ton que leur transmet la
puissance nerveuse, cette puissance qui est nous-mêmes, et nous est si profondément cachée ; et, pour
clore cette longue énumération, peignez-vous cette
double enceinte formée d'arcs osseux, minces, longs,
étroits, recourbés, mobiles, dont les intervalles sont
fermés par une double couche de muscles minces comme
eux ; derniers organes qui, secondés par des muscles
extérieurs et mis en jeu par l'être invisible qui régit
toute l'économie, dilatent ou resserrent la capacité de
la poitrine, et, par cette alternative, mettent en mouvement tout ce grand et merveilleux appareil. Réunis-
sez maintenant dans vos esprits toutes ces données,

embrassez d'un coup d'œil cette société d'organes d'un tissu si fin, si délié, et livrés par leur délicatesse même à tant de causes de lésions ; considérez surtout cette enceinte extérieure qui les couvre comme une voûte et les protège, mais qui, mince et facilement pénétrable, parce qu'elle est mobile, les défend mal contre les atteintes et les intempéries du dehors, et, de cet ensemble d'idées, concluez ce qu'on doit conclure de toute organisation fine, subtile et complexe, savoir : que plus elle est essentielle à la vie, plus elle est compromise dans son action ; ce qui revient à dire que plus elle est nécessaire, plus elle est périssable. »

CIRCULATION.

La circulation est l'acte des fonctions nutritives par lequel le fluide nutritif, changé en sang dans l'acte de la respiration, est conduit, par des canaux particuliers, dans la profondeur de toutes les parties, d'où son résidu est repris par un autre ordre de vaisseaux, pour être soumis de nouveau, dans les poumons, au contact vivifiant de l'air. Ainsi le sang ne reste pas en repos dans l'intérieur du corps ; il traverse sans cesse les organes qu'il sert à nourrir, et revient ensuite se mettre en contact avec l'air, dans l'appareil respiratoire, pour être distribué de nouveau aux diverses parties du corps. Afin de charrier ainsi les matériaux réparateurs des organes, les vaisseaux doivent être nécessairement le siége de courants continuels ; et, en effet, le sang circule partout où la vie doit être entretenue, et il décrit un véritable cercle dont le point de départ est au poumon. C'est dans cet organe que le sang est fait, et c'est là que sont transportés les matériaux qui doivent servir à l'élaboration de ce fluide nutritif. Ce n'est point de là, toutefois, que nous partirons pour le suivre dans tout son trajet, mais du cœur, autre organe regardé spécialement comme le centre de la circulation.

Cœur.

Chez l'homme et chez la plupart des animaux, même les plus inférieurs, tels qu'une écrevisse ou une huître, c'est le *cœur* qui donne au sang cette impulsion, et c'est dans un ensemble de canaux appelés *vaisseaux sanguins* que ce liquide est mis en mouvement.

Ces vaisseaux sont de deux ordres : les uns, appelés *artères*, servent à porter le sang du cœur dans toutes les parties du corps *ao* (Pl. 3), 3, 13 (Pl. 4, fig. 1), 23, 25, 27 (Pl. 4, fig. 3), *ao, a' s', a' c'* (Pl. 5, *a*), *ao, a s, a c* (Pl. 5, *b*), *ao ao* (Pl. 6, fig. 2, 3, 5, 6); les autres, désignés sous le nom de *veines*, rapportent ce liquide de ces organes vers le cœur *v. c. s* et *v. c. i* (Pl. 3), 35, 38, 41, 43 (Pl. 4, fig. 1), *v. c. s, v. c. i, v. s. g, v. s. d* (Pl. 5), *v. c. s, v. c. i* (Pl. 6, fig. 2, 3, 5, 6).

Vaisseaux sanguins.

D'après les fonctions que remplissent ces vaisseaux, on peut prévoir leur disposition générale. Les artères ayant à distribuer dans toutes les parties du corps le sang qui sort du cœur, doivent nécessairement se subdiviser, se ramifier de plus en plus, à mesure qu'elles s'éloignent de cet organe. Les veines, au contraire, doivent présenter une disposition inverse : elles doivent être d'abord très-nombreuses et se réunir peu à peu entre elles, de façon à se terminer au cœur par un ou deux gros troncs.

Les artères, comme on le voit, peuvent être comparées aux branches d'un arbre, et les veines à ses racines; mais elles en diffèrent sous un rapport très-important : au lieu d'être séparées les unes des autres, comme le sont, dans les plantes, les branches et les racines, les artères et les veines doivent se continuer les unes avec les autres et former un seul système de canaux, puisque le sang doit passer des unes dans les autres, en traversant la substance des organes. C'est effectivement ce que l'on observe; et on désigne sous le nom de *vaisseaux capillaires* les canaux étroits qui lient entre eux ces deux ordres de conduits (Pl. 14, fig. 1).

Les artères et les veines, ainsi que nous venons de le dire, communiquent entre elles par l'une de leurs extrémités, au moyen des vaisseaux capillaires : ces vaisseaux, d'une ténuité excessive, sont ainsi la terminaison des artères et l'origine des veines; c'est à eux que s'arrête le mouvement centrifuge du sang artériel, à eux que commence le mouvement centripète du sang veineux. Un seul organe est, à la fois, la cause unique de ces deux mouvements, c'est le cœur.

Le cœur, dont la forme est à peu près connue de tout le monde, est situé au milieu de la poitrine *c* (Pl. 2) *c* (Pl. 3) *c* (Pl. 4, fig. 1), dans l'intervalle qui sépare les deux poumons. Si les battements du cœur se font sentir vers le côté gauche, c'est que la pointe de cet organe est tournée de ce côté, et que les battements sont produits par cette pointe qui frappe à cet endroit les parois de la poitrine, près de l'extrémité antérieure de la sixième vraie côte.

Le cœur est renfermé dans une enveloppe membranéuse où il est libre, et à laquelle il ne tient que par les gros vaisseaux qui en partent ou qui y aboutissent. Cette enveloppe porte le nom de *péricarde p* (Pl. 2 , *lambeau*). Sa surface interne est continuellement humectée par un liquide séreux , destiné à prévenir les adhérences qui pourraient se former entre le péricarde et le cœur.

Cet organe est, comme je l'ai dit, une masse charnue, musculaire, creuse et présentant deux cavités distinctes, que l'on nomme *ventricules* droit et gauche *v. d.* et *v. g* (Pl. 3, *lambeau*), *v. d* (Pl. 6, fig. 5) et *v. g* (Pl. 6, fig. 6) : le dernier est beaucoup plus volumineux, plus épais et un peu plus allongé que l'autre. Chacun d'eux est surmonté d'un appendice ou petit sac musculo-membraneux, qui porte le nom d'*oreillette o. d.*, *o. g* (Pl. id.) et *o. d.*, *o. g* (Pl. 5, *a*) de sorte que l'ensemble du cœur se compose de quatre cavités, deux à droite et deux à gauche, avec communication de chaque oreillette au ventricule qui lui correspond.

La figure 2 de la planche 6 ne représente pas la disposition naturelle du cœur et des vaisseaux ; elle est idéale, et n'est destinée qu'à donner une idée de la manière dont le sang, en parcourant le cercle circulatoire, traverse deux fois le cœur, et traverse aussi deux systèmes de vaisseaux capillaires. En se rendant de l'artère pulmonaire dans les veines du même nom, le sang traverse, en effet, les vaisseaux capillaires des poumons; il traverse aussi les vaisseaux capillaires des différents organes en pénétrant dans leur structure intime et en passant des radicules des artères dans les radicules des veines. Les deux moitiés du cœur, qui, dans la nature, ne sont séparées que par une cloison, ont été, dans cette figure 2, complétement isolées, pour rendre plus facile l'intelligence de la disposition des oreillettes et des ventricules.

Il n'est pas inutile d'arrêter quelques instants notre attention sur la structure du cœur et des vaisseaux circulatoires.

Structure du cœur.

Si l'on ouvre l'un des ventricules du cœur, on voit que ses parois se composent de l'entre-croisement en tous sens de colonnes charnues, d'abord très-volumineuses, puis moins grossières, et devenant enfin de plus en plus délicates; elles paraissent former un tissu inextricable lorsqu'on les regarde à l'œil nu. Ces colonnes sont adhérentes soit par leurs extrémités, soit par leurs bords. Elles forment, dans l'intérieur du cœur, un tissu dont les mailles sont de plus en plus fines à mesure qu'on les considère plus près des parois de l'organe. Cette disposition en cellules est bien plus tranchée dans le cœur gauche *v. g* (Pl. 6, fig. 6) que dans le cœur droit *v. d* (Pl. 6, fig. 5), dont la puissance musculaire est beaucoup moindre.

Ces colonnes charnues, lors de la dilatation du cœur, forment les cloisons d'une multitude de cellules qui communiquent toutes entre elles, et que le sang vient remplir. La première action des colonnes sur le sang est donc de le tamiser, de le diviser en autant de petites masses distinctes qu'il y a de cellules. Cet usage est important, vu la composition du sang, liquide visqueux, éminemment coagulable et tenant en suspension une foule de matières solides qui tendraient à se précipiter. Après la dilatation du cœur, vient le resserrement de ses parois. C'est dans ce mouvement que le liquide

ainsi tamisé est soumis à une agitation à laquelle n'é-
chappe aucune de ses parties, et qui prévient la précipitation des matières solides du sang et sa coagulation.
Ainsi, les usages des colonnes charnues du cœur sont
de deux sortes, la division des particules et l'agitation
du sang. Pour comprendre la force énorme dont la nature a dû disposer pour exécuter cette double action,
il ne faut que songer à la grandeur du cercle que le sang
est destiné à parcourir.

Structure des vaisseaux.

Les vaisseaux qui vont, des deux ventricules du cœur,
se distribuer dans toute l'organisation, sont très-re-
marquables par la manière dont leur tissu se prête aux
usages auxquels ils sont destinés. Leur paroi interne
est très-polie, et c'est là ce qui prévient les obstacles
que le frottement du sang contre les vaisseaux mettrait
au cours de ce liquide. Ce qui fait surtout la supério-
rité des tuyaux vivants sur les canaux que l'on emploie
dans les arts, c'est l'élasticité des premiers; cette élasticité existe dans le sens de la longueur du vaisseau et
dans celui de sa largeur. Cette propriété de tissu est
beaucoup plus prononcée dans les artères que dans les
veines; mais elle a dans chacun de ces vaisseaux un caractère particulier. Ainsi l'artère est moins extensible
que la veine, mais elle revient plus promptement à ses
dimensions premières. La veine, au contraire, étant plus
extensible, revient moins vivement sur elle-même.

Les veines qui viennent des intestins présentent, dans
leur mode de distribution, une particularité remarquable. Après s'être réunies en un gros tronc, elles péné-
trent dans le foie et s'y ramifient comme les artères;

puis leurs rameaux se réunissent de nouveau et vont se terminer dans la veine cave inférieure près du cœur. On donne à cet ensemble de vaisseaux le nom de *système de la veine porte*.

Fonctions du cœur.

Le sang veineux de toute l'économie, réuni dans les deux veines caves supérieure et inférieure *v. c. s.* et *v. c. i* (Pl. 3), est versé dans l'oreillette droite *o. d* (id.) ; de là il se rend dans la pompe droite ou ventricule droit *v. d* (id.), en vertu de la dilatation de cette cavité et de la contraction de l'oreillette. Cette pompe exerce sur le sang une pression qui ferme la valvule placée entre l'oreillette et le ventricule, et ouvre celle de l'artère pulmonaire *v'* (id.) et *a' p'* (Pl. 5, *a*). Le sang est ainsi poussé librement vers les poumons. Amené, par les divisions capillaires de l'artère pulmonaire, dans l'intérieur du poumon, le sang subit l'influence de l'air fourni par les bronches; et, toujours sous l'action des contractions de la pompe droite, il avance rapidement dans les veines pulmonaires *v' p'* (id.). Celles-ci se rendent à l'oreillette gauche du cœur *v. p.*, *o. g* (Pl. 5, *b*) et *o. g* (Pl. 3), où elles se résument en quatre gros troncs. La contraction de l'oreillette gauche et la dilatation de la pompe gauche font passer le sang de l'oreillette dans le ventricule *v. g* (id.). Alors cette pompe se contracte, la valvule placée entre l'oreillette et le ventricule gauche se ferme, celle de l'aorte s'ouvre et laisse passer le sang qui traverse alors ce vaisseau, et que l'action du cœur pousse constamment à tous les organes.

En parcourant tous les points du corps, et en y laissant ce qu'il contenait de propre à chaque tissu, le sang était devenu noirâtre, carboné et impropre à vivifier les organes ; dans le poumon il reprend une couleur rouge vermeille et des propriétés vitales.

Il résulte de cette disposition que l'oreillette et le ventricule droits sont, dans leur action, indépendants de l'oreillette et du ventricule gauches, et que le cœur représente ainsi une organe double (Pl. 6, fig. 2) dont chaque moitié a des usages différents.

C'est dans l'oreillette droite *o. d* (Pl. 6, fig. 2) que viennent s'ouvrir les deux gros troncs veineux, connus sous le nom de veines caves supérieure et inférieure (*v. c. s, v. c. i.*), qui ramènent de tous les points du corps le produit des diverses absorptions; et c'est dans l'oreillette gauche *o. g* (id.) qu'est versé, par les quatre veines pulmonaires, le sang qui vient d'être revivifié dans les poumons.

Le ventricule droit donne naissance à l'artère pulmonaire *a. p.* (Pl. 6, fig. 5), qui porte aux poumons le fluide à sanguifier. L'*artère aorte ao* (Pl. 6, fig. 6) naît de la partie supérieure et droite du ventricule gauche.

Cette grosse artère remonte d'abord vers la base du cou *ao* (Pl. 3), puis se recourbe en bas, passe derrière le cœur (id. *soulevez le cœur*), et descend verticalement au-devant de la colonne vertébrale jusqu'à la partie inférieure du ventre (*soulevez les vaisseaux chylifères*). Pendant ce trajet, il se sépare de l'aorte un grand nombre de branches dont les principales sont les deux *artères carotides a. c.* et *a'. c'.* (Pl. 5, *a*) qui remontent sur les côtés du cou et distribuent le sang à la tête; les artères des membres supérieurs 16, 25, 29 (Pl. 4, fig. 4), qui prennent le nom d'*artères sous-clavières, axillaires* et *brachiales*, suivant qu'elles passent sous la clavicule, qu'elles traversent le creux de l'aisselle, ou qu'elles descendent le long du bras ; l'*artère cœliaque*, qui se rend à l'estomac, au foie et à la rate; les *artères mésentériques*, qui se ramifient dans les intestins ; les *artères rénales*, qui pénètrent dans les reins *r* et *r'* (Pl. 3); et les *artères iliaques i*, *i* (id.) qui terminent, en quelque sorte, l'aorte, et qui portent le sang aux membres inférieurs.

Le sang, parvenu à l'extrémité des vaisseaux capillaires, est, ainsi que nous l'avons déjà dit, pompé par les veines dont les radicules sont très-déliées. Ces radicules se réunissent successivement de manière à constituer des troncs qui deviennent d'autant plus gros qu'ils sont plus voisins du cœur.

Les veines, qui pompent l'excédant du sang ainsi transmis à toutes les parties du corps, suivent à peu près le même trajet que les artères, mais elles sont plus grosses, plus nombreuses, et en général situées plus superficiellement. Un grand nombre de ces vaisseaux marchent sous la peau, d'autres accompagnent les artères, et, en dernier résultat, tous se réunissent pour former deux gros troncs qui s'ouvrent dans l'oreillette droite du cœur et qui ont reçu les noms de *veines caves supérieure et inférieure v. c. s.* et *v. c. i.* (Pl. 6, fig. 2, 5, 6) *v. c. s.*, *v. c. i.* (Pl. 5, *a* et *b*) et 26, 35, 38, 41, 43 (Pl. 4, fig. 1). Pour mieux favoriser le cours du sang, surtout dans les parties où il circule de haut en bas et contre son propre poids, comme aux jambes, les veines sont garnies intérieurement de valvules, véritables soupapes qui s'opposent à toute rétrogradation du fluide vers les radicules *o. v.* (Pl. 6, fig. 4). Ces valvules sont, en outre, destinées à diviser le fluide en petites colonnes, qui sont conséquemment plus faciles à mettre en mouvement.

En résumant ce qui vient d'être dit , on voit que le sang qui arrive des différentes parties du corps par le système veineux, pénètre d'abord dans l'oreillette droite du cœur, passe ensuite dans le ventricule du même côté, et se rend de là aux poumons par l'artère pulmonaire. Après avoir traversé l'organe respiratoire, il revient au cœur par les veines pulmonaires qui s'ouvrent dans l'oreillette gauche du cœur ; de l'oreillette gauche, le sang descend dans le ventricule gauche, et cette dernière cavité l'envoie dans les artères destinées à le porter dans toutes les parties du corps, d'où il revient, comme nous l'avons déjà dit, dans l'oreillette droite du cœur. Le recto *a* et le verso *b* de la planche 5 permettent de rétablir avec une grande fidélité les rapports du cœur avec les vaisseaux qui lui sont liés, et les rapports de ces mêmes vaisseaux avec les poumons.

En parcourant le cercle circulatoire, le sang traverse donc deux fois le cœur : à l'état de sang veineux dans le côté droit, à l'état de sang artériel dans le côté gauche. Néanmoins la circulation est complète, car les cavités veineuses et les cavités artérielles du cœur ne communiquent pas ensemble, et le sang veineux traverse en entier l'appareil respiratoire pour se transformer en sang artériel.

Le mécanisme à l'aide duquel le sang se meut dans tous ces vaisseaux est facile à comprendre. Les cavités du cœur se resserrent et s'agrandissent alternativement, et poussent ainsi le sang dans les canaux abouchés sur elles et qui ne sont, en quelque sorte, que leur continuation.

Les deux ventricules se contractent en même temps, et, tandis que leurs parois se relâchent, les oreillettes se contractent à leur tour. Ces mouvements de contractions portent le nom de *systole*, et on appelle *diastole* le mouvement contraire.

Chaque cavité a sa *diastole* et sa *systole*. Toutefois, comme les ventricules occupent la plus grande partie de l'organe qu'ils forment presque à eux seuls, le plus ordinairement c'est leur jeu que l'on veut désigner sous les noms de *systole* et de *diastole*. On a observé que la *diastole* était trois fois plus longue que la *systole*.

Lorsqu'une oreillette se contracte, pour refouler le sang, le ventricule qui lui correspond se dilate pour le recevoir, et *vice versâ*. On conçoit, en effet, que ces deux cavités ne pourraient pas se contracter en même temps ; car alors le fluide contenu dans la première ne pourrait jamais se vider dans la seconde. La même alternative n'existe point à l'égard des deux cœurs, et la *diastole* et la *systole* sont simultanées dans le cœur gauche et dans le cœur droit.

Pendant la *systole* ou le mouvement de contraction, le cœur se raccourcit, se déplace et va frapper de sa pointe la paroi latérale gauche du thorax entre la sixième côte et la septième. Ce phénomène, très-apparent lorsqu'on place la main sur le côté gauche de la poitrine, a été attribué à ce que, le cœur n'étant fixé qu'à sa base, tout mouvement imprimé à sa totalité ne porte que sur son extrémité libre ; à ce que les oreillettes, qui sont alors dilatées, doivent soulever l'organe et le porter en avant ; à ce que l'aorte et l'artère pulmonaire reçoivent une impulsion telle qu'elles sont déplacées, leur courbure tend à s'effacer ; et comme, des deux extrémités de cette courbe, celle qui répond au cœur est la plus mobile, c'est elle qui se redresse davantage et entraîne avec elle cet organe. Selon M. Pigeaux c'est pendant la *diastole* des ventricules, que le cœur vient frapper de sa pointe la région précordiale.

Les mouvements du cœur sont accompagnés de bruits que les auteurs ont expliqués de diverses manières. Laënnec distingue un *bruit sourd*, dû à la contraction des ventricules; un *bruit clair*, dû à la contraction des oreillettes, et un *repos*. M. Turner d'Édimbourg admet que le bruit clair ne correspond pas à la contraction des oreillettes, et pense qu'on peut l'attribuer à la chute du cœur sur le péricarde. M. Carswell attribue ce même bruit clair au choc du sang contre les valvules sygmoïdes.

Haller admet qu'à chaque contraction d'une cavité, cette cavité se vide en entier du sang qu'elle contient. Cet illustre physiologiste a vu, en effet, chez le poulet, chaque cavité pâlir et se décolorer entièrement au moment de sa contraction.

Selon Hamberger, la *diastole* serait un phénomène actif propre au cœur, et qui n'aurait pas besoin du stimulant du sang. En serrant dans sa main le cœur détaché d'un animal vivant, il le sentit se dilater comme à l'ordinaire; et pourtant le sang ne le traversait pas.

De même que tous les organes, le cœur est sous l'influence des nerfs, auxquels il doit sa sensibilité propre; les anatomistes ne sont point encore fixés sur la détermination de la puissance nerveuse qui le régit spécialement. On ne peut cependant pas contester que cet organe ne soit sous la domination du cerveau, comme le prouvent les passions, dont les mouvements influent si puissamment sur son action.

Le nerf grand sympathique et surtout la moelle épinière paraissent tenir le cœur sous leur dépendance.

Les mouvements du cœur se renouvellent très-fré-

quemment; chez l'homme adulte on compte ordinairement de soixante à soixante-quinze battements par
minute; chez les vieillards il bat à peine soixante fois
dans le même espace de temps, on l'a même vu ne donner que trente pulsations; dans les très-jeunes enfants
il s'élève en général à environ cent vingt. Du reste, une
foule de circonstances influent sur la fréquence et la
force des battements du cœur; ils sont accélérés par
l'exercice, par les émotions de l'âme et par un grand
nombre de maladies; dans la défaillance et la syncope,
ils sont considérablement diminués, et même quelquefois complétement interrompus.

Le ventricule gauche, en se contractant, chasse le
sang qu'il contient; et comme il existe, entre cette cavité et l'oreillette placée au-dessus, une espèce de soupape o. g. (Pl. 6, fig. 6) disposée de façon à se soulever
et à fermer l'ouverture lorsque le sang est poussé de bas
en haut, il en résulte que le liquide ne peut retourner
dans l'oreillette, et pénètre nécessairement dans l'artère aorte, qu'il distend avec plus ou moins de force.

Pouls.

Le phénomène connu sous le nom de *pouls* n'est autre chose que le mouvement occasionné par la pression
du sang sur les parois des artères, chaque fois que le
cœur se contracte. D'après la fréquence et la force de
ces mouvements, on peut juger de la manière dont cet
organe bat, et en tirer des inductions utiles pour la médecine. Le pouls ne se fait pas sentir partout; pour le
distinguer, il faut comprimer légèrement une artère
d'un certain volume entre le doigt et un plan résistant,
un os par exemple, et choisir aussi un vaisseau situé

près de la peau, comme l'artère radiale au poignet.

A toutes les époques de la vie, il est des circonstances qui apportent de grandes variations dans les mouvements du pouls ; et, sans parler ici de l'état de maladie, où les nombreuses irrégularités de ces phénomènes ont été déterminées, caractérisées et désignées de différents noms par les médecins, combien les passions n'influent-elles point sur les battements du cœur, qui, quelquefois, se suspendent brusquement et produisent la *syncope*, d'autres fois s'accélèrent comme dans l'état fébrile le plus prononcé !

« Outre ces battements sensibles, dit M. Richerand, il est un mouvement pulsatoire intérieur, obscur, par lequel toutes les parties du corps sont agitées chaque fois que les ventricules du cœur se contractent... Tout vibre, tout tremblote, tout palpite dans l'intérieur du corps, les mouvements du cœur en ébranlent toute la masse ; et ces frémissements, sensibles à l'extérieur, se manifestent surtout lorsque la circulation s'exécute avec plus de force et de rapidité... Dans toute agitation violente, nous sentons en nous-mêmes l'effort par lequel le sang, à chaque battement du pouls, pénètre tous les organes, épanouit tous les tissus ; et c'est de ce tact intérieur que naît en grande partie le sentiment de l'existence, sentiment d'autant plus vif et d'autant plus intime que l'effet dont nous parlons est plus marqué. »

Circulation du sang dans le fœtus.

Dans le fœtus, le mécanisme de la circulation n'est pas tout à fait semblable à celui que nous venons de décrire : la source principale de l'alimentation du fœtus est le sang de la mère qui est porté dans le placenta 4

(Pl. 6., fig. 1) et absorbé par les pores des radicules de la veine ombilicale 5, 5 (id.). Cette veine, chargée du sang qui vient du placenta, pénètre dans l'abdomen, va gagner la partie concave du foie 30 (id.), et s'ouvre dans le sinus de la veine porte, où le sang qu'elle contenait se confond avec celui que cette veine a reçu des veines mésaraïques. De là, le sang est porté dans la veine cave inférieure 10 (id.), tant par le canal veineux que par la veine hépatique, chargée de rapporter l'excédant de la portion de ce fluide qui a circulé dans le foie; la veine cave inférieure, déjà chargée du sang qui revient des extrémités abdominales, va s'ouvrir dans l'oreillette droite du cœur 15 (id.), le sang qu'elle y verse se divise en deux colonnes. La première se rend à l'oreillette gauche du cœur 20 (id.) en traversant le trou ovale. De l'oreillette gauche 21 (id.), le sang est porté dans le ventricule gauche (id.); et de cette cavité, dans l'aorte ascendante 16 (id.), qui le distribue aux extrémités supérieures. La seconde colonne du sang apporté par la veine cave inférieure pénètre, par l'orifice auriculo-ventriculaire, dans le ventricule droit 14 (id.); chassé par ce ventricule dans l'artère pulmonaire, ce fluide se partage en trois colonnes : deux le distribuent en petite quantité aux poumons, ce sont les branches droite et gauche 13 (id.) de l'artère pulmonaire ; la troisième colonne, représentée par le canal artériel, porte le sang dans l'aorte 18 (id.), où elle pénètre un peu au-dessous de la naissance de la sous-clavière gauche. Ce fluide, mêlé à celui que le ventricule gauche a poussé dans l'aorte, est distribué par les branches de cette artère aux organes thoraciques et abdominaux, et aux extrémités inférieures, d'où il est rapporté à la veine cave inférieure.

Quant au sang fourni pour la nutrition des parties supérieures du fœtus, des veines nombreuses le ramènent dans la veine cave supérieure, qui s'ouvre dans l'oreillette droite ; ce sang, mêlé à celui qui est versé dans cette cavité par la veine cave inférieure, parcourt avec lui le trajet déjà décrit. Ainsi, l'existence du trou ovale se rattache à la nécessité de faire parvenir du sang à l'oreillette gauche, dans le double but, 1° de porter d'une manière active, vers les extrémités supérieures, du sang qui n'y arriverait qu'en faible quantité si l'aorte n'en recevait que du canal artériel ; 2° d'augmenter, par la contraction instantanée des deux ventricules, l'impulsion imprimée au sang, qui, à cette époque de la vie, a une route plus longue à parcourir, puisque non-seulement il doit être porté vers tous les organes du fœtus, mais encore dans le placenta, par les artères ombilicales 26, 27, 28, 29, (id.). Les mouvements du cœur, chez le fœtus, ont une fréquence plus que double de ceux de l'adulte : on compte de cent vingt à cent soixante battements par minute. Quant à l'existence du canal artériel, elle s'explique par le besoin de détourner vers l'aorte un sang qui ne peut alors aller en totalité aux poumons.

Les deux artères ombilicales, 26, 27, 28, 29 (id.), provenant des iliaques primitives, sont remplies par le sang qui a excédé les besoins de la nutrition, et le rapportent au placenta 4 (id.). Les radicules des artères ombilicales, chargées du sang qui a traversé le fœtus, le versent dans les cellules du placenta où les radicules des veines utérines s'en emparent pour le ramener dans la circulation de la mère. Il se fait donc alors un véritable échange de sang dans le placenta, les artères utérines déposent dans les cellules de cet organe le sang maternel ; les artères ombilicales, le sang qui a circulé dans le fœtus. Les radicules de la veine ombilicale absorbent le sang maternel ; les radicules des veines utérines, le sang qui a traversé le fœtus.

Quant au placenta 4 (id.), c'est une masse spongieuse, pénétrée en tous sens par de nombreux vaisseaux sanguins ; elle représente un gâteau arrondi, moins épais à sa circonférence qu'à son centre où il donne naissance au cordon ombilical, qui, composé de la veine et des deux artères ombilicales, pénètre dans l'ombilic du fœtus, qui s'oblitère et se cicatrise après la naissance.

Ici finit l'histoire des trois grandes actions nutritives. Au point où nous sommes arrivés, il ne nous reste plus qu'à dire quelques mots des sécrétions et du sang, pour achever l'étude de ces phénomènes intérieurs qui se bornent à l'accroissement et au décroissement du corps des animaux, et qui constituent leur vie végétative.

Sécrétions.

Les sécrétions sont les produits de certains organes particuliers que l'on nomme glandes. Les glandes puisent dans le sang qui les pénètre, non-seulement les matériaux de leur propre nutrition, mais encore les éléments de certaines humeurs qui reçoivent des noms aussi variés que les usages différents qu'elles remplissent.

Parmi ces humeurs, les unes sont nécessaires aux fonctions de la vie : telles la salive, la bile, le suc gastrique, les larmes, etc., etc. ; les autres sont expulsées du corps et entraînent avec elles les matériaux vieillis et inutiles séparés par le travail nutritif ; telles sont l'urine, la sueur, etc.

L'obscurité qui enveloppe le travail de la composition et de la décomposition nutritive, s'étend aussi aux phénomènes des sécrétions. En effet, les humeurs sécrétées enlèvent au sang des produits qui diffèrent de ce liquide par leurs propriétés chimiques, et des substances dont il ne présentait aucune trace avant qu'il eût été mêlé à la texture de l'organe sécréteur.

Le sang contient-il les éléments tout formés des différents fluides qui seront sécrétés par leur passage à travers une glande? Il paraît que oui, d'après les expériences de MM. Prévost et Dumas, répétées par M. Ségalas, qui, après avoir enlevé les reins, les glandes mammaires ou le foie, ont retrouvé, dans le sang, de l'urée, du lait et différents principes de la bile. C'est dans l'intérieur du parenchyme des glandes que la sécrétion s'effectue; elle est moléculaire et échappe à nos sens. Les auteurs ont admis, pour l'expliquer, tantôt des théories physiques (filtration, transsudation, précipitation) et tantôt des théories chimiques. Berzelius la rapporte à une force électrique ou galvanique. M. Dutrochet admet que les phénomènes d'*endosmose* et d'*exosmose* jouent ici un grand rôle.

On divise les sécrétions en *récrémentitielles*, dont les produits sont repris et rentrent dans le torrent de la circulation; ces sécrétions sont dues à des organes exhalants, et sont versées dans des cavités qui ne communiquent pas au dehors; quant aux sécrétions *excrémentitielles*, leurs produits sont rejetés au dehors par voie d'*excrétion*.

L'organisation des glandes varie à l'infini : tantôt ce sont d'innombrables petites poches disséminées à la surface des membranes, s'ouvrant directement au dehors ou appelées *follicules*. C'est ainsi que sont disposés les organes qui, situés dans l'épaisseur de la peau, sécrètent la matière de la transpiration cutanée. Dans l'état de santé, cette sécrétion est la plus abondante et celle qui épure le plus activement le sang : la peau, qui en est le siége, est trop exposée aux influences extérieures pour que des troubles fréquents ne surviennent pas dans l'exercice de cette sécrétion ; de combien de maladies n'est-elle pas en effet la cause! Les catarrhes et les rhumatismes ne reconnaissent pas ordinairement d'autre origine.

D'autres fois, les glandes sont une masse compacte de petites granulations d'où naissent des conduits qui se réunissent, comme les racines d'un arbre, pour former un tronc par lequel la glande verse au dehors le liquide sécrété.

L'organisation humaine renferme un certain nombre de glandes de cette nature : on compte les *glandes salivaires* qui font la salive ; le *foie* et le *pancréas* qui fabriquent la bile et le suc pancréatique ; les *reins* qui sécrètent l'urine ; les *glandes mammaires* qui font le lait; les *glandes lacrymales* qui sécrètent les larmes, etc. La graisse est également un produit de sécrétion; cette espèce d'huile animale varie suivant les sexes, les individus, les âges, les tempéraments. Abondante dans certaines parties du corps, elle manque dans d'autres. La graisse prédomine chez les individus faibles. Sa plus importante destination est, sans doute, de fournir aux besoins du corps dans les circonstances difficiles où nos organes sont empêchés de puiser au dehors des matériaux de nutrition, et elle peut être regardée, alors, comme l'un des principes constitutifs les plus riches. La graisse contribue aussi à conserver au corps la température qui lui est propre; déposée à l'extrémité des doigts, elle sert de point d'appui à la peau dans l'exercice du tact.

Mouvement nutritif.

Maintenant nous connaissons le but et le mécanisme des fonctions nutritives depuis la digestion qui forme le fluide réparateur jusqu'aux sécrétions qui extraient les matériaux pour les faire reservir, ou les rejettent comme inutiles; mais c'est là que doivent s'arrêter les explications de la physiologie : car rien ne peut nous faire saisir le mouvement moléculaire qui a lieu dans la profondeur de nos organes et qui mêle le fluide nutritif à leur structure, pour en renouveler les parties usées ou vieillies.

La faculté qu'ont les animaux d'introduire dans l'intérieur de leur corps des substances étrangères qui leur servent d'aliments, et d'incorporer continuellement à leurs organes des matières puisées au dehors, explique l'accroissement de volume si remarquable chez eux, pendant les premiers temps de leur existence. Un enfant en venant au monde ne pèse, en effet, qu'environ six livres; vingt-cinq ans après, lorsqu'il est parvenu à l'âge adulte, son poids dépasse cent livres. A cette époque de sa vie, il a donc déjà puisé, dans des substances qui lui étaient d'abord étrangères, la majeure partie des matériaux dont ses organes se composent. D'un autre côté, l'amaigrissement qui est l'effet de certaines maladies, montre que le corps vivant peut abandonner une portion de la matière dont il était formé, et rendre au monde extérieur une partie de sa propre substance.

Pour que l'organisation animale puisse se renouveler ainsi, il faut qu'elle laisse échapper une partie des matériaux qui la composaient, et que l'usage de la vie a détériorés, car, sans cela, son volume croîtrait indéfiniment. De là deux actions bien distinctes dans la nutrition : le mouvement de composition et celui de décomposition.

Ces deux actions constantes de l'économie animale furent démontrées, pour la première fois, par des expériences directes que le hasard fit faire au chirurgien anglais Belchier. En mangeant d'un cochon qui avait été nourri chez un teinturier, il remarqua que les os de cet animal étaient rouges; et attribuant cette particularité à ce qu'on l'avait nourri d'aliments colorés de la même manière, il eut l'heureuse idée de se servir d'un moyen analogue pour rendre visibles les effets du travail nutritif. Il entreprit des expériences qui, répétées ensuite par un grand nombre de savants, furent couronnées d'un plein succès. En nourrissant les animaux avec de la garance, pendant un certain temps, on trouva toujours que les os étaient teints en rouge par le dépôt de cette matière colorante dans l'épaisseur de leur substance; et lorsque, après avoir nourri ainsi un animal, on suspendit l'usage de la garance, on remarqua constamment que les os reprenaient leur teinte primitive, ce qui prouvait que la matière rouge qui avait dû se déposer dans la substance de ces organes ne s'y trouvait plus, et qu'elle en avait été nécessairement rejetée.

Sang.

Le liquide particulier qui porte dans tous les organes les matières nécessaires à leur entretien, et qui sert aussi à entraîner les particules destinées à être expulsées du corps, est le sang; sa couleur est rouge, sa température est celle du corps, dont il est même la partie la plus chaude : sa couleur primitive devient de plus en plus vive à proportion de l'âge et du développement des forces; elle s'affaiblit dans les maladies et lors de la décrépitude.

Nous avons déjà dit (page 56) que le sang extrait des vaisseaux où il est contenu, dans un animal vivant, et abandonné à lui-même, au bout de quelques instants se transforme en une masse de consistance gélatineuse qui se sépare peu à peu en deux parties : l'une liquide, jaunâtre et transparente, formée par le *sérum*; l'autre, plus ou moins solide, complètement opaque, et d'une couleur rouge, à laquelle on donne le nom de *caillot* ou de *cruor du sang*.

En examinant au microscope le sang des mammifères, des oiseaux, des reptiles, des poissons et de quelques vers de la classe des annélides, on voit qu'il est constamment formé de deux parties distinctes : d'un liquide jaunâtre et transparent, auquel on conserve le nom de *sérum*; et d'une foule de corpuscules solides, réguliers, d'une belle couleur rouge, et d'une petitesse extrême, qui nagent dans le fluide dont nous venons de parler, et que l'on appelle les *globules du sang*.

Dans l'homme et chez tous les animaux de la classe des mammifères (le chien, le cheval, le bœuf, par exemple), les globules du sang sont circulaires; tandis que chez les oiseaux, les reptiles et les poissons ils ont constamment une forme ovalaire.

Pour apprécier toute l'importance du rôle que remplit le sang dans le corps d'un animal vivant, il suffit de le saigner et d'observer les phénomènes qui suivent l'opération. Lorsque l'écoulement du sang a continué pendant un certain temps, l'animal tombe en syncope; si l'on n'arrête pas l'hémorrhagie, toute espèce de mouvement cesse en quelques instants, la respiration s'arrête, et la vie ne se manifeste plus par aucun signe extérieur. Si on laisse l'animal dans cet état, la mort ne tarde pas à arriver. Mais si l'on parvient à injecter dans ses veines du sang semblable à celui qu'il a perdu, on voit avec étonnement cette espèce de cadavre revenir à la vie ; à mesure qu'on introduit de nouvelles quantités de sang dans ses vaisseaux, il se ranime de plus en plus, et bientôt il respire librement, se meut avec facilité, reprend ses allures habituelles et se rétablit complétement.

Cette opération, que l'on désigne sous le nom de *transfusion,* est certes une des plus remarquables que l'on ait jamais faites; elle peut aussi prouver l'importance de l'action des globules du sang sur les organes vivants. En effet, si l'on emploie, pour la transfusion, du sérum privé de globules, la mort n'en arrive pas moins, et l'on ne produit pas plus d'effet que si l'on s'était servi d'eau pure.

Il est très-facile de montrer l'influence du sang sur la nutrition des organes. Ainsi lorsque, par des moyens mécaniques, on diminue d'une manière notable et permanente la quantité de sang que reçoit un organe, on le voit diminuer de grosseur, se flétrir et souvent même se réduire à rien. On observe également que plus une partie du corps fonctionne et reçoit de sang, plus aussi son volume s'accroît. Chacun sait que la contraction musculaire développe en excès les membres ou les régions du corps dans lesquels on l'exerce : chez les danseurs, par exemple, les muscles des jambes et surtout du mollet acquièrent une grosseur remarquable; tandis que chez les boulangers et les autres hommes qui exécutent de rudes travaux avec leurs bras, les muscles

des membres supérieurs deviennent plus charnus que
les autres parties. Or les muscles reçoivent plus de
sang lorsqu'ils se contractent que lorsqu'ils sont en repos; par cet afflux du sang, le travail nutritif qui les
entretient est rendu plus actif et leur volume est accru.

DES FONCTIONS DE RELATIONS.

Deux ordres d'appareils servent, chez les animaux, à
l'exercice des fonctions de relations :

Les appareils des mouvements;

Les appareils des sensations.

A l'aide des premiers, l'animal peut se transporter
d'une place à une autre, rechercher ce qui peut le servir, et éviter ce qui peut lui nuire. Il doit cette faculté
de translation à des organes charnus que l'on nomme
muscles. Par leurs attaches sur la charpente solide du
corps, les muscles en font mouvoir les différentes parties
les unes sur les autres, et opèrent ainsi des mouvements de totalité.

Les appareils des sensations servent à la perception
des objets extérieurs. A cet effet certains organes, dé-
pendant du système nerveux, sont disposés pour recevoir des sensations, et c'est par leur entremise que les
qualités des corps se révèlent à l'esprit.

Or, pour qu'un animal reçoive une sensation quelconque d'un objet extérieur, il faut que l'impression
soit transmise par les nerfs jusqu'au cerveau. Cet organe
est, à la fois, l'instrument de la volonté et le siége principal de la faculté de sentir; cela est si vrai que, lorsque, par suite d'une blessure ou d'une forte compression, le cerveau ne peut plus remplir ses fonctions,

l'animal devient insensible, cesse d'exécuter les mouvements volontaires et tombe dans un état qui ressemble à un sommeil profond.

Ainsi, c'est aux sensations que l'homme doit ses rapports volontaires avec le reste de la nature, c'est par leur intermédiaire qu'il a la conscience des changements qui s'opèrent en lui.

APPAREILS DES MOUVEMENTS.

Les mouvements résultent du concours de deux natures d'organes distincts : les os et les muscles. Pour que les mouvements puissent s'exécuter avec précision, il faut que les muscles soient attachés à des parties dures, soit intérieures, soit extérieures, lesquelles servent de leviers, et prennent des points d'appui les unes sur les autres. De là cette division très-naturelle de l'appareil de la locomotion en deux genres : l'un composé des instruments passifs de cette fonction, et l'autre de ses organes actifs. Les os et leurs dépendances sont les premiers ; les muscles et leurs annexes constituent les seconds.

Instruments passifs du mouvement.

L'homme et tous les autres mammifères, ainsi que les oiseaux, les reptiles et les poissons, ont dans leur structure des parties solides et résistantes que l'on nomme des os. La réunion des os entre eux constitue le squelette, espèce de charpente qui donne au corps sa force, détermine en grande partie ses dimensions et ses formes, et sert à protéger les organes les plus importants à la vie. Le squelette est le fondement sur lequel s'appuie l'édifice entier du corps de l'homme, et ses nombreuses pièces articulées les unes avec les autres forment tantôt des soutiens aux membres pour la locomotion, tantôt des cavités protectrices pour les appareils de la sensibilité ou pour les organes des fonctions nutritives (Pl. 7).

On trouve un squelette chez presque tous les animaux; mais il n'est point, dans tous, conformé de la même manière : chez les uns, comme chez les crustacés et les testacés, dans quelques poissons et reptiles, etc., il est, en tout ou en partie, à l'extérieur; chez les autres, comme dans les oiseaux, les mammifères, il est à l'intérieur. Quelquefois il est cartilagineux : les raies et les squales nous en offrent un exemple; quelquefois il est fibreux : c'est ce que nous voyons dans la plupart des insectes coléoptères; le plus souvent il est osseux.

Lorsque, dans le cabinet de l'anatomiste, les os sont encore réunis par leurs ligaments véritables, le squelette s'appelle *naturel*, et on le distingue en *frais* et en *sec*; lorsqu'au contraire ils sont joints entre eux par des liens étrangers à l'organisation, comme par des fils d'argent, de laiton, de chanvre, par des cordes de boyau, etc., on le nomme *artificiel*.

Les os sont les parties les plus dures, les plus solides, les plus compactes et les plus résistantes du corps; peu flexibles, non extensibles, ils peuvent se briser avec facilité. Ils sont formés d'une espèce de cartilage composé de gélatine (substance qui constitue la colle-forte), et dont toutes les lamelles et toutes les fibres sont encroûtées d'une matière pierreuse composée de chaux unie à des acides particuliers (acide phosphorique, etc.). Lorsqu'on brûle des os, cette matière pierreuse reste seule et se réduit en poudre au moindre frottement;

lorsqu'on les fait tremper dans de l'acide hydrochlorique, liqueur qui a la propriété de dissoudre cette matière pierreuse, on les réduit à l'état de cartilage.

Les os qui constituent le squelette sont unis entre eux par des articulations assujetties à l'aide de liens flexibles : ces articulations changent de nom suivant leurs formes et leurs usages. Si l'articulation qui unit deux os leur permet d'exécuter des mouvements les uns sur les autres, elle est appelée *mobile;* si l'articulation n'est au contraire qu'un moyen d'assurer l'union d'un ou de plusieurs os, elle est appelée *immobile*. Plus une articulation est mobile, moins elle est solide; et plus elle est solide, moins elle a de mobilité.

Les os qui constituent les membres forment des colonnes brisées dont le nombre des pièces augmente à mesure qu'on s'éloigne du tronc (Pl. 7, fig. 1 et 2) : la partie moyenne des os, ordinairement cylindrique, offre toujours moins de volume que leurs extrémités, qui sont en général renflées, *h, f* (Pl. 7, fig. id.). Une cavité intérieure occupe leur longueur, et, tout en diminuant leur pesanteur, n'ôte rien à leur solidité. La substance des os longs n'est pas arrangée de la même manière dans toute leur étendue. A l'extérieur elle est très-dense, et, à cet état, elle porte le nom de substance compacte; elle occupe toujours le milieu dans les os longs, leur partie moyenne, étant la plus exposée, devait avoir le plus de solidité. L'épaisseur de cette substance compacte diminue beaucoup vers les extrémités des os, qui, pour offrir une solidité égale, devaient aussi être plus volumineuses que le corps. A l'aide de ces dispositions, les surfaces articulaires par lesquelles les os sont unis se trouvent, à ces mêmes extrémités, d'une étendue convenable à leurs usages, *o* (Pl. 8, fig. 15), *b*

(Pl. 9, fig. 7). On conçoit, en effet, que si les os s'étaient touchés par de petites superficies, leur mode d'union eût été extrêmement faible, ils n'auraient pu se prêter à des mouvements que d'une manière incertaine et mal assurée, et leur dérangement serait devenu aussi commun qu'il est rare. D'un autre côté, le volume des extrémités articulaires sert à écarter les muscles du centre des mouvements; cette disposition, qui empêche qu'ils n'aient une direction trop oblique, leur fournit le moyen de produire un plus grand effet, *b, c, d, e, f*, (Pl. 8, fig. 15).

Les os courts sont formés presque entièrement de substance spongieuse, ce qui diminue leur pesanteur en augmentant leur surface. Les os plats forment les parois des cavités protectrices des organes intérieurs; ils fournissent aussi aux muscles des points nombreux d'insertion (Pl. 9, fig. 3).

La surface articulaire des os mobiles est recouverte d'une substance élastique qui peut supporter les plus fortes pressions et amortir les chocs les plus rudes. Cette substance, appelée cartilage, est enduite d'une humeur visqueuse, destinée à favoriser le glissement des extrémités articulaires, c'est la synovie.

Toutes les articulations mobiles ne se ressemblent pas. Les extrémités des os qui concourent à les former se correspondent par des surfaces dont la configuration est réciproque. Elles sont, en général, les unes convexes, les autres concaves; les degrés différents de concavité et de convexité leur ont valu des dénominations spéciales.

Les os sont unis entre eux par des parties fibreuses nommées ligaments. Ce sont des gaînes très-résistantes et très-fortes qui entourent l'articulation, tenant par leurs deux bouts aux deux os dont elles assurent la réunion.

Les articulations présentent une foule de différences dans leurs mouvements. La rotation est propre à quelques-unes : tantôt elle s'exerce sur un seul pivot, comme on le voit dans l'articulation de la tête sur le cou (Pl. 7, fig. 1); tantôt il y a deux pivots, comme dans la double articulation des os de l'avant-bras entre eux *o* (Pl. 8, fig. 16). Il y a des mouvements d'opposition ou angulaires, ce sont ceux où les os forment, l'un avec l'autre, des angles plus ou moins ouverts. L'opposition est quelquefois bornée aux mouvements de flexion et d'extension, comme au coude, au genou, etc. ; d'autres fois elle est vague et peut avoir lieu dans quatre sens principaux et dans tous les sens intermédiaires, comme on le voit au bras, à la cuisse, etc. *h f* (Pl. 7, fig. 1).

Tronc.

Le squelette se divise en tronc et en membres. Le tronc est composé de la tête, de la colonne vertébrale, de la poitrine et des hanches.

La *colonne vertébrale*, ou épine du dos, *a, a, a, c o*, (Pl. 10, fig. 2) et *v. v* (Pl. 7, fig. 1), occupe la ligne médiane du tronc. C'est une tige osseuse, symétrique, creuse, flexible en tous sens. Étendue entre la tête et le bassin, elle forme un long levier, mobile sur lui-même, point d'appui commun et centre de mouvement de tout le squelette; elle se compose de petits os courts, ou *ver-tèbres*, superposés longitudinalement les uns sur les autres. Elle présente, dans toute sa longueur, un canal formé par un trou dont chaque vertèbre est percée *b* (Pl. 9, fig. 8, et Pl. 10, fig. 2. *Soulevez le lambeau*). La

colonne vertébrale présente quatre courbures en sens
opposé (id. *v*, *v'*, *v''*, *s*,) qui correspondent au cou, au
dos, aux lombes et au bassin ; l'utilité de ces incurva-
tions est démontrée en physique d'après ce fait que,
de deux colonnes élastiques, semblables pour la matière, le volume et l'étendue, mais dont l'une est droite et
dont l'autre présente des inflexions en sens inverse, la
seconde résiste plus que la première à une pression verticale, parce que le mouvement se trouve concentré dans
chaque courbure. Ainsi dans la fig. 6 de la Pl. 9, où
j'ai mis en regard la portion inférieure de la colonne
vertébrale et un fragment de colonne droite : si un choc
se faisait sentir au point *a*, son action serait décomposée
et par conséquent affaiblie dans les divers os 1, 2, 3, 4,
5 de la colonne courbe *a b ;* mais elle resterait pleine et
entière sur les pièces de la colonne droite *c d*. Il est facile de voir, en effet, que les parties de la colonne *v* (Pl.
10, fig. 2) sont obliques les unes aux autres, tandis
que celles de la colonne *v'* se touchent par des plans
horizontaux.

La colonne vertébrale a la forme d'un os long ; mais
il s'en faut bien qu'elle en présente les caractères. Destiné à recevoir et à transmettre aux extrémités inférieures le poids de tout le tronc, le long levier vertébral
devait être extrêmement résistant, et d'une résistance
progressivement croissante de haut en bas. Destiné à
servir d'arc flexible, d'organe centrale de locomotion,
il devait être doué d'une grande mobilité. Enfin, organe protecteur de la moelle épinière, il devait présenter une grande solidité. Or toutes ces conditions se
trouvent remplies par un mécanisme fort ingénieux,
par la division de ce levier en une multitude de petites
colonnes dont chacune jouit d'un mouvement peu éten-

du ; en sorte que de la réunion de ces petits mouvements résulte un mouvement de totalité considérable. Ces petites colonnes osseuses sont séparées par de petites colonnes plus petites ou rondelles, ou disques ; disques intervertébraux, flexibles, élastiques, moyen d'union des vertèbres en même temps que moyen de locomotion : car les mouvements sont mesurés par la mollesse et la flexibilité de ces corps intermédiaires. Chose remarquable, cette division de la colonne vertébrale qui semble au premier abord n'avoir trait qu'à la locomotion, et en raison inverse de la solidité, cette division même concourt puissamment à la solidité. Supposez en effet que ce long levier de deux pieds et demi ne forme qu'un seul et même levier, qu'un seul cylindre, de même que le crâne ne forme qu'une boîte osseuse ; alors la moëlle épinière devra remplir le canal vertébral, de même que le cerveau remplit le crâne : et alors que de fractures par les chocs les plus légers, et surtout que de compressions de la moelle !

On a dit, peut-être avec un peu d'exagération, que la colonne vertébrale avec ses courbures était seize fois plus résistante qu'elle ne le serait si elle était droite. Si l'on détermine exactement le rayon de chaque courbure, en comparant le sinus de l'arc avec la longueur de l'arc ou de la corde, on arrive à ce résultat que les courbures sont toujours en raison directe les unes avec les autres, et qu'elles varient chez les divers individus beaucoup plus qu'on ne le croit communément. Quoi qu'il en soit, indépendamment du plus de solidité, on ne peut s'empêcher de reconnaître, dans ces inflexions alternatives, un autre but auquel concourt la division des vertèbres ; c'est de s'opposer avec efficacité, par cette même décomposition des mouvements, aux commotions du cerveau qui auraient eu lieu par le moindre choc, si la colonne vertébrale eût été droite.

On a divisé les os de la colonne vertébrale en cinq régions dont ils prennent les noms : 1° la région *cervicale v* (Pl. 10 , fig. 2), qui constitue la charpente du cou ; elle est composée de sept vertèbres ; 2° la région *dorsale* ou *thoracique v'* (id.), elle donne attache aux côtes qui constituent la poitrine ; les vertèbres de cette région sont au nombre de 12 ; 3° la région *lombaire v''* (id.), qui termine inférieurement la colonne vertébrale ; elle est composée de cinq vertèbres ; 4° la région *sacrée s* (id.), qui s'articule avec les os des hanches et se compose de cinq vertèbres soudées de façon à ne plus former qu'un seul os appelé sacrum ; 5° enfin la région *caudale* ou *coccygienne c o* (id.), qui chez l'homme ne se compose que de quatre vertèbres extrêmement petites, cachées sous la peau, mais qui chez beaucoup d'animaux prend un grand accroissement.

La *tête* repose sur l'extrémité supérieure de la colonne vertébrale et se divise en deux parties : la *face* et le *crâne z, m, m'* (Pl. 10, fig. 2). La face, située en avant et au-dessous du crâne, forme la moitié inférieure de l'ovale antérieur de la tête. Sa forme est celle d'un triangle irrégulier composé de deux moitiés symétriques. Sa structure est très-compliquée : destinée à loger les organes des sens, elle constitue une agglomération de loges osseuses juxta-posées ; en sorte que sa masse, quoique d'un volume considérable, est cependant assez légère. Ces loges communiquent ensemble par un nombre considérable de trous, de fentes, de scissures et de canaux osseux, par lesquels passent des vaisseaux et des nerfs. On divise la face en deux parties : la mâchoire supérieure et la mâchoire inférieure.

La mâchoire supérieure est composée de plusieurs os
dont les plus importants sont : l'os maxillaire supérieur
m (id.), l'os de la pommette *z* (id.), les os du nez, etc.
La mâchoire inférieure est composée d'un seul os *m'* (id.);
cet os, ainsi que le maxillaire supérieur, présente un
bord creusé de petits trous, que l'on nomme alvéoles,
dans lesquels les *dents* se développent et sont mainte-
nues (Pl. 15, fig. 1).

Les os de la face ne sont liés avec ceux du crâne que
par des apophyses très-peu étendues mais qui jouissent d'une grande solidité. Pour bien comprendre le
mécanisme de cette charpente osseuse il convient de
l'examiner de bas en haut en faisant abstraction de la
mâchoire inférieure, qui en est isolée.

La mâchoire supérieure (Pl. 7, fig. 2) ne se compose
inférieurement que de l'arcade dentaire qui en constitue la base : les deux os sus-maxillaires forment une
voûte transversale et se servent réciproquement d'appui
sur le plan médian. De la voûte palatine et du bord alvéolaire partent cinq colonnes osseuses : au milieu la
cloison nasale; et de chaque côté, l'apophyse montante
et la crête malaire. La première rejoint immédiatement
le frontal, et la deuxième l'os jugal. Ce dernier os formé
latéralement la clef de la voûte de la face, et transmet
les poids par quatre colonnes osseuses : en bas la crête
malaire, en avant le bord inférieur de l'orbite, en arrière l'arcade zygomatique du temporal, en haut l'angle supérieur frontal. Enfin de chaque côté il existe, en
arrière des tubérosités maxillaires, une colonne verticale, l'apophyse ptérygoïde, qui lie le sphénoïde à la
mâchoire supérieure. Ainsi les os du crâne et de la
face ont en commun neuf points d'appui.

Le crâne est une vaste boîte osseuse, ovoïde, plus

large et plus élevée en arrière qu'en avant, enveloppe protectrice du cerveau et du cervelet. Il se compose d'une base que surmonte une voûte. Dans sa structure générale, il offre un os central, le *sphénoïde*, sur lequel viennent s'appuyer, en arc-boutants, une série d'os larges, aplatis et incurvés, qui se rejoignent supérieurement en inscrivant la voûte, et sont maintenus réunis par la pénétration réciproque de leurs sutures : ce sont, sur le plan médian, deux os impairs, le *frontal c* (Pl. 10, fig. 2) et l'*occipital o* (Pl. 7, fig. 1); latéralement, les *temporaux t* (Pl. 10, fig. 1) et les *pariétaux p* (Pl. 10, fig. 2). Entre le sphénoïde et le frontal se trouve, comme enchâssé, l'*ethmoïde*.

Le crâne n'est autre chose qu'une enveloppe osseuse du cerveau super-ajoutée à l'enveloppe fibreuse, et représentant, à sa surface interne, les dépressions et éminences de la surface correspondante du cerveau. Avant son ossification complète, le crâne éprouve un retrait ou un développement proportionnel au retrait ou au développement du cerveau ; jusqu'à cette époque cette cavité est, en quelque sorte, le moule ou le représentant fidèle du cerveau. Si le cerveau s'atrophie, le vide est rempli par de la sérosité ; s'il s'hypertrophie, cet organe éprouve une compression funeste.

Lorsque le crâne reçoit un choc ou subit une pression prolongée sur un point quelconque de sa voûte, au sommet, en avant, en arrière ou latéralement, le mouvement se propage dans tous les sens, se décompose dans les diverses articulations, et se transmet à la base de cette cavité. Dans les figures 2 et 3 de la Pl. 9, j'ai essayé de comparer la jonction des os du crâne avec la disposition des diverses pièces d'une voûte. On sait que tout le secret de ces voûtes qui étonnent par leur peu d'épaisseur, est, d'une part, dans la division de la poussée que produit le croisement des arcs; d'autre part, dans les arcs-boutants *c, c', c''* (id.), qui, en empêchant l'écartement des parties les plus élevées de la construction, opposent une résistance efficace à leur pression et à leur pesanteur.

En examinant les sutures des os du crâne, on y retrouve les arêtes *b* (id., fig. 8) dont l'architecture tire un si grand parti dans l'établissement des voûtes à de très-grandes hauteurs. Dans nos églises, ces nervures en saillie s'appuient sur des retombées qui portent elles-mêmes sur les points les plus résistants de la bâtisse; c'est aussi dans les os les plus solides et les mieux articulés que se terminent les sutures crâniennes : telle la suture coronale qui s'arrête à l'os sphénoïde *e* (id., fig. 1); telle encore la suture occipitale *t* (id.), que bornent, de chaque côté du crâne, les deux apophyses mastoïdes du temporal.

L'arche formée par les deux pariétaux *a, a* (Pl. 9, fig. 3) ne représente pas un demi-cercle parfait; il y a au centre de chacun de ces os une projection, une poussée *a* (id., fig. 1) qui rappelle exactement les contreforts que l'architecte laisse saillir sur les piliers d'un pont et qui doivent assurer sa résistance. Ces deux saillies des pariétaux sont le point de départ de l'ossification de ces os, ce sont aussi les places les plus dures de la voûte du crâne. La différence d'étendue entre leurs surfaces convexes et concaves nécessitait la coupe oblique des pièces dont le crâne est formé; l'articulation des temporaux avec les pariétaux empêche ces derniers de s'enfoncer en dedans ou de s'écarter en dehors : cette disposition a fait comparer les temporaux aux arcs-boutants volants qui, dans l'architecture gothique, s'élèvent du sol jusqu'aux parties élevées de la nef ou du chœur, et garantissent à la fois le maintien de l'une et de l'autre *c*, *c'*, *c''* (id., fig. 2).

A la partie supérieure de l'assise de ces arcs-boutants s'élève un pinacle qui ne paraît d'abord qu'un ornement, mais dont la pesanteur perpendiculaire était nécessaire pour prévenir le déjettement transversal des arcs.

Les figures 4 et 5 de la même planche sont destinées à démontrer comment, dans la construction des toits ou des arches de pont, on a reproduit les moyens de résistance et de solidité que présente la structure du crâne. Ainsi, la traverse *a*, *c*, *b*, est une poutre unissant la charpente oblique d'un toit, pour en faire porter le poids presque perpendiculairement sur le mur ; elle représente l'effet produit par le sphénoïde placé comme un coin à la base du crâne, et par les temporaux situés sur les côtés.

De même, dans la construction d'un pont, on fait usage de poutres de traverse *e*, *e*, fig. 5, pour prévenir l'écartement des côtés ; c'est là le but que remplissent les articulations des temporaux *c* (fig. 1) avec les pariétaux *a* et la projection des apophyses zygomatiques *z* (Pl. 10, *lambeau*).

En examinant les dépendances du crâne on est d'abord porté à penser que la résistance aurait dû être appliquée à la voûte sur laquelle agissent incessamment les corps extérieurs, tandis que la base est abritée par sa situation même. Mais tel est le mécanisme de cette structure, que c'est à la base précisément que sont transmis en définitive tous les chocs venus du dehors ; aussi est-ce là que se trouvent réunies toutes les conditions de résistance et de solidité, ainsi qu'il est très-facile de le prouver.

Le crâne est à l'abri des corps extérieurs par sa base : la face, la colonne vertébrale et les muscles nombreux de la région cervicale postérieure ; au milieu, des parties molles très - importantes le protégent efficacement : aussi est-ce à la base du crâne que répondent les parties les plus importantes du cerveau, celles dont la lésion serait immédiatement mortelle ; et c'est également par cette base que sortent tous les nerfs crâniens, les veines cérébrales, et que pénètrent les artères du même nom. Pour former cette base, les os se rétrécissent et augmentent d'épaisseur. Le moindre choc éprouvé par les divers os de la voûte se communique à tous les os de la base ; et tel est l'engrènement réciproque de ces derniers, qu'ils tendent à se rapprocher encore plus par l'effet de ces chocs. La nature a fait servir à ce résultat les propriétés du coin : ainsi le sphénoïde étroit à sa partie moyenne, s'élargissant dans ses masses latérales, est placé comme un coin entre l'occipital et le temporal qui sont en arrière, le frontal et l'os malaire qui sont en avant ; l'apophyse basilaire de l'occipital forme un coin entre les apophyses pétrées des temporaux, les apophyses pétrées forment elles-mêmes un coin entre l'occipital et le sphénoïde.

La *poitrine* est une cavité osseuse et cartilagineuse, élastique et mobile, qui occupe la moitié supérieure du tronc, et renferme les poumons, le cœur et les gros vaisseaux (Pl. 3) ; cette cavité est formée par vingt-quatre os longs déliés et courbés qui, au nombre de douze de chaque côté, sont unis postérieurement aux douze vertèbres de la région dorsale *co, co, co* (Pl. 7, fig. 1 et Pl. 1), et s'élèvent transversalement en voûte pour s'articuler avec une pièce osseuse longue et plate appelée sternum *s* (id., fig. 2). Ces vingt-quatre os ainsi arqués et coudés en cerceaux se nomment les côtes *co, co* (id., fig. 2); ils forment une grande cavité conoïde dont le sommet se continue avec le cou et dont la base est formée par le *diaphragme d, d', d''* (Pl. 2), muscle large, susceptible d'une grande résistance, qui forme, du côté du bas-ventre, une voûte elliptique dont la convexité regarde l'intérieur de la poitrine. Nous avons déjà dit que l'effet de la contraction de ce muscle était d'agrandir le thorax et de permettre ainsi aux poumons un plus grand développement.

Toutes les côtes ne s'unissent pas directement avec le sternum, les sept premières seules sont liées à cet os par une substance élastique qui doit se prêter aux mouvements nombreux de ces os les uns sur les autres (Pl. 7, fig. 2); les trois qui suivent sont unies non pas au sternum, mais à ces cartilages élastiques dont je viens de parler : quant aux deux dernières, elles sont libres dans l'épaisseur des parois du ventre, on les nomme flottantes.

Les *os des hanches i i* (Pl. 7, fig. 1 et 2), appelés aussi *os iliaques*, sont deux os larges qui, en avant, se réunissent entre eux et, en arrière, s'articulent avec l'os sacrum *s*, de façon à former à la partie inférieure du ventre une espèce de ceinture osseuse appelée *bassin*, et qui comprend l'intervalle que laissent entre eux ces deux grands os inégalement concaves en dedans et convexes en dehors. Dans l'homme, le bassin transmet aux membres inférieurs le poids du tronc et des extrémités supérieures.

Membres.

Les *membres supérieurs* sont constitués par l'épaule, le bras, l'avant-bras et la main.

L'épaule est formée chez l'homme et la plupart des autres mammifères, par deux os qui sont l'omoplate *om* (Pl. 7, fig. 1) et la clavicule *c, c'* (id., fig. 2). Ce dernier os s'articule ave le sternum. C'est à l'aide de cette union que le membre supérieur tient au tronc. La clavicule est destinée à renforcer le membre dont elle fait partie; elle ne se trouve pas chez tous les mammifères, et n'existe que chez ceux où le membre thoracique sert d'organe de préhension. Chez ceux qui en sont dépourvus les omoplates tombent en plans inclinés, et la poitrine est conique et non carrée comme la nôtre. Des masses charnues, épaisses et membraneuses sont étendues des côtes et des vertèbres à l'omoplate, et assurent ainsi les rapports de l'épaule avec la colonne vertébrale.

Le *bras* est formé d'un seul os que l'on appelle humérus. Cet os s'articule avec l'omoplate par une tête arrondie qui surmonte son extrémité supérieure *h* (id.) et *a a'* (Pl. 8, fig. 16, 16'). Cette tête est reçue dans une cavité sphérique de l'omoplate.

L'avant-bras est formé par la réunion de deux os, qui sont : en dedans le cubitus *c''* (id.), en dehors le radius *r* (id.). Ces os s'unissent à l'humérus par leurs extrémités supérieures, et par les inférieures avec les os de la main.

La *main*, organe de préhension, destinée à se mouler sur les objets, figure un levier brisé en vingt-sept os qui s'agglomèrent en trois groupes. Le premier, qui se joint à l'avant-bras, est le *carpe c''* (id.), vulgairement le *poignet*; le suivant est le *métacarpe mo* (id.), ou ce qui forme en dedans la *paume* et au dehors le *dos* de la main; le troisième constitue les doigts *ph* (id.).

Le carpe est l'assemblage de huit petits os très irréguliers, qui font une espèce de voûte, taillés de manière
à pouvoir glisser les uns sur les autres; ils sont disposés sur deux rangées, et unis entre eux par des liens
fibreux.

Le métacarpe est composé de cinq os longs et inégaux, et plus épais à leurs extrémités qu'à leur milieu.

Les doigts au nombre de cinq, nommés le pouce,
l'index, le médius, l'annulaire et l'auriculaire, sont
formés chacun de trois os (le pouce n'en a que deux);
on donne à ces trois os des noms différens. Celui qui
est le plus près du métacarpe et le plus grand est appelé
phalange 1 (id.); celui qui vient après, phalangine 2
(id.); et le troisième qui supporte l'ongle, phalangette 3
(id.).

Les *membres inférieurs* sont conformés à peu près de
la même manière que les membres supérieurs; la hau-
che représente l'épaule, la cuisse le bras, la jambe
l'avant-bras, et le pied la main.

La *cuisse* est formée d'un seul os que l'on appelle
fémur f (id.). Cet os s'articule par son extrémité supérieure avec l'os des hanches, par son extrémité inférieure
avec les os de la jambe.

La *jambe* est formée de deux os. L'os placé en dedans
est appelé *tibia t* (id.); l'os placé en dehors, *péroné p* (id.):
au-devant de l'articulation des os de la jambe avec l'os
de la *cuisse* est placé un petit os que l'on nomme *ro-
tule r* (Pl. 7, fig. 2), et *b* (Pl. 9, fig. 7); cet os est destiné à consolider le genou.

Le *pied*, organe de sustentation, forme une base à
double voûte (Pl. 8, fig. 8'), allongée en avant, et se
compose de vingt-six os qui se partagent en trois grou-

pes : le tarse, le métatarse et les orteils. Il diffère de la main principalement par la brièveté des doigts, leur peu de mobilité, et par la disposition du tarse. Le *tarse* t'' est constitué par la réunion de sept os, le *métatarse* m est composé de cinq os qui s'unissent et aux os du tarse et aux os des orteils ; les *orteils ph'* sont composés chacun des phalanges que l'on nomme, comme à la main et pour les mêmes os : phalanges, phalangines et phalangettes. Le pouce n'a que deux phalanges. Tous ces petits os sont unis entre eux par des surfaces articulaires dont le contact est assuré et maintenu par des ligaments fibreux.

Outre les os que nous venons d'énumérer il y en a d'autres qu'on pourrait nommer accessoires, surnuméraires ; ce sont les os sésamoïdes et les os wormiens.

On désigne sous le nom de *sésamoïdes* de petits os dont le nombre est sujet à varier ; placés dans certaines articulations des doigts et des orteils, ils se développent dans les tendons des muscles et en augmentent la force.

On appelle os *wormiens* de petits os surnuméraires qu'on rencontre quelquefois dans les sutures principales des os du crâne.

Il existe encore un os nommé hyoïde auquel sont fixées, en partie, les fibres charnues qui constituent la langue *hy* (Pl. 6, fig. 7) ; cet os est situé à la partie antérieure et moyenne du cou, entre la base de la langue et le larynx : sa forme est celle d'un demi-cercle.

L'assemblage des os que nous venons d'énumérer constitue le squelette. Nous avons vu, qu'en général, ils étaient mobiles les uns sur les autres, à l'aide d'un contact que l'on nomme articulation. Mais tous les os du squelette ne jouissent pas à un degré pareil de la

mobilité dont nous parlons ici; il en est même dont les
articulations sont tellement solides, qu'elles ne se prê-
tent à aucun déplacement : telles sont les articulations
qui unissent entre eux les os du crâne et de la mâchoire
supérieure. Il est des os qui n'ont que des déplacements
obscurs ou incomplets, cela se voit dans les articulations
des vertèbres entre elles. Les membres sont les parties
dont les os jouissent des mouvements les plus étendus.

Organes actifs du mouvement.

Les organes qui prennent une part active aux divers
mouvements du corps sont les muscles, masses charnues, composées de fibres multipliées, groupées en faisceaux les unes avec les autres, et affectant des formes et
des directions très-variables. Revêtus de téguments
communs et maintenus par des étuis membraneux, les
muscles constituent ces appendices prolongés ou membres, sorte de rayons qui ont pour usage d'agrandir la
portée des actes de la volonté et des recherches de la
sensibilité, et dont la structure est tout entière subordonnée à la fonction de soutenir des cordons nerveux,
et d'obéir aux excitations qu'ils transmettent. Les membres inférieurs exécutent la station et la progression ;
les supérieurs servent à des mouvements divers qui doivent, surtout, rendre les intentions que l'intelligence
forme pour l'accomplissement de ses besoins physiques
et moraux. Les muscles, en se contractant, agissent sur
les os pour les mouvoir ; leur action est d'autant plus
énergique et ses effets sont d'autant plus prononcés,
que les fibres qui les constituent sont plus ou moins
nombreuses, et sont disposées dans telle ou telle direction. La fig. 14 de la Pl. 8 montre des fibres charnues

e, e, fixées à l'os *f f,* qui vont s'insérer obliquement sur le tendon *c, d,* fixé, en *a,* à l'os *a.* En se raccourcissant, elles agissent sur ce tendon pour faire mouvoir l'os *a* comme des mains *e', e', f', f'* agiraient sur une corde pour entraîner un corps *a.* Dans l'état de repos, les fibres musculaires sont rectilignes; au moment de la contraction elles se fléchissent en zigzags, et présentent alors des ondulations très-régulières.

La couleur des muscles est ordinairement rouge; leur volume et leur figure présentent de nombreuses différences, et pourtant on peut rapporter à quelques formes générales les dispositions variées que présente la direction de leurs fibres : tantôt elles sont rayonnées *c, d, e* (Pl. 8, fig. 3), tantôt elles s'insèrent obliquement sur les tendons, espèces de cordes souples et résistantes, destinés à transmettre aux os les mouvements qui leur sont communiqués par la fibre musculaire. La fig. 5 (id.) et la fig. 10 et 14 (id.) représentent un muscle penniforme dont les fibres sont disposées comme les barbes d'une plume; la fig. 4, un muscle semi-penniforme : la fig. 1 représente le même muscle dans les deux états de repos et de contraction ; le muscle *biceps a, b, c* est allongé et ses extrémités éloignées l'une de l'autre ; le muscle *biceps a', b', c'* est raccourci, ses extrémités rapprochées, et il a acquis en largeur et en épaisseur ce qu'il a perdu en longueur. C'est ce double effet que les fig. 16 et 16 *bis* sont destinées à faire comprendre. La fig. 16 donne les rapports du muscle biceps avec les os dans l'état de demi-flexion : lorsque ce muscle *m,* fixé d'une part à l'épaule *a,* de l'autre à l'avant-bras *b,* sera diminué d'étendue, par la contraction de ses fibres, il entraînera les os *b,* articulés au point *o,* par une charnière mobile, avec l'os *a;* l'avant-bras prendra alors la situation *b'* de la figure 16' et de la fig. 18 (Pl. id.). On voit ici le muscle biceps brachial, représenté, sous la peau, par la ligne *b, c,* devenir plus dur et plus saillant dans la flexion du muscle, et former le soulèvement du contour *c', b'.*

Les muscles agissent sur les os comme sur des leviers. En mécanique, on entend par levier une tige solide dont la longueur est considérable relativement à ses autres dimensions et qui peut, d'ailleurs, présenter toutes sortes de variétés de forme. Une des conditions essentielles du levier comme machine, c'est l'existence d'un *point fixe* ou *point d'appui* autour duquel agissent deux forces dont l'une porte le nom de *résistance* et l'autre le nom de *puissance.*

Le point fixe, en d'autres termes le point d'appui, peut avoir, relativement à la puissance et à la résistance, trois situations différentes qui ont donné lieu à trois sortes de leviers.

Si le point d'appui se trouve entre la puissance et la résistance, le levier est du *premier genre,* fig. 7 et 7' (Pl. 8).

Si le point d'appui est à une extrémité, et la puissance à l'autre, le levier est du *deuxième genre,* fig. 8 et 8' (id.).

Enfin le levier est du *troisième genre,* lorsque la puissance se trouve au milieu, fig. 6 et 6' (id.).

La distance du point d'appui à celui où s'applique une force a reçu le nom de *bras de levier.*

L'effet de la puissance est en raison directe de la longueur des bras du levier, Archimède n'ignorait pas cette propriété lorsqu'il ne demandait qu'un levier et un point d'appui pour remuer la terre.

Les forces sont d'autant moindres qu'elles sont plus obliques à la direction du levier. Par conséquent, le *maximum* de leur énergie aura lieu quand elles seront perpendiculaires au levier.

Le levier du premier genre est le plus favorable à l'équilibre. Le levier du troisième genre sert mieux l'étendue et la rapidité des mouvements.

On trouve une grande variété d'applications de ces différents genres de leviers dans les organes du mouvement de l'homme. Ainsi, lorsque la tête est portée soit dans l'extension, soit dans la flexion, par les muscles qui s'attachent à sa partie postérieure ou à sa partie antérieure, elle représente un levier du premier genre, fig. 7 et 7' (Pl. 8). Le point d'appui se trouve à l'articulation de la tête avec le cou *d'* (id.) ; la puissance et la résistance se trouvent l'une en avant, l'autre en arrière, ou réciproquement, suivant que la tête est entraînée dans la flexion ou dans l'extension. La corde *é* perpendiculaire au levier *e' f'* représente la disposition la plus favorable pour que la force ait toute son énergie; cette même figure donne une idée de la manière dont la longueur du bras de levier influe sur le mouvement produit. La quantité de mouvement étant la même pour les deux bras, on voit d'un coup d'œil que le bras *e' f'* aura quatre fois plus de force, puisque l'espace *e', d',* est quatre fois moindre à parcourir, tandis que le bras *d' o* aura quatre fois plus de vitesse et d'étendue dans le mouvement ; car l'étendue, la vitesse ou la force se compensent. On trouve un levier du deuxième genre dans le pied, lorsqu'on s'élève sur sa pointe, fig. 8 et 8' (Pl. 8) : le point d'appui se trouve à la partie antérieure de cet organe au niveau des phalanges *g'* qui pressent sur le sol; la puissance se rencontre à l'autre extrémité qu'entraîne en haut le tendon *h'* d'Achille qui lui transmet la contraction des muscles du mollet, la résistance est à l'articulation *i* du pied avec la jambe qui supporte tout le poids du corps. Les exemples du levier du troisième genre sont très-communs dans l'organisation animale; on le trouve dans l'articulation de la mâchoire inférieure, fig. 6' (Pl. 8), et nous le décrivions, il y a quelques instants, dans les fig. 16, 16' et 18 (Pl. id.) : en effet, lorsque l'avant-bras est demi-fléchi et que nous voulons le fléchir complétement en soulevant quelque corps pesant *o* (fig. 18) saisi par la main, le point d'appui se trouve dans l'articulation du coude *f;* là puissance, représentée par le muscle biceps *b, b'*, est au-devant de cette articulation, la résistance est dans le poids de l'avant-bras *a b* augmenté par la présence du corps pesant *o*.

Les divers mouvements du corps n'ont pas toujours été assurés par des moyens aussi simples que ceux que nous venons de citer. Pour faire mouvoir les unes sur les autres les diverses parties du squelette, il existe autour d'elles plusieurs masses de muscles isolées les unes des autres qui, par leur allongement ou leur contraction partiels, concourent aux mouvements variés que nécessite la vie de relation.

Le nombre des muscles du corps humain est très-considérable et varie plus ou moins dans chaque individu. Cependant, à la différence près de sept à huit, il est communément le même; on peut en faire l'énumération dans l'ordre suivant :

A la tête.	54
Au cou	62
Au tronc.	90
Aux membres supérieurs. . . .	92
Aux membres inférieurs . . .	102
Muscles de l'ouïe.	8
Total. . . .	408

En général ils forment autour du squelette deux couches, et se distinguent en superficiels et en profonds. Ceux qui sont destinés à mouvoir un os quelconque sont presque toujours placés autour de la portion du squelette située entre cet os et le centre du corps : ainsi les muscles qui meuvent la tête sont situés au cou, ceux qui meuvent le bras occupent l'épaule, ceux qui ploient ou qui redressent l'avant-bras sur le bras entourent l'humérus, fig. 16 et 16' (Pl. 8), et ceux qui fléchissent ou étendent les doigts sont placés dans l'avant-bras; il en est de même pour les muscles des membres inférieurs.

On distingue les muscles en fléchisseurs, extenseurs, rotateurs, élévateurs, abducteurs, adducteurs, etc., suivant les usages qu'ils sont appelés à remplir.

La fig. 15 (Pl. 8) peut donner une idée de la disposition des muscles, ou plutôt du résultat de leur action sur le squelette. A la jambe gauche on a remplacé par des cordes les masses musculaires de la jambe droite qui meuvent la cuisse sur le tronc et la jambe sur la cuisse, de manière qu'on puisse suivre l'action isolée des muscles extenseurs *c*, *f*, *b*, des abducteurs et fléchisseurs *e*, et de l'extenseur du pied *d*.

La puissance d'un muscle dépend en partie de son volume, et en partie de la manière dont il se fixe à l'os qu'il doit mouvoir. Toutes choses égales d'ailleurs, les muscles les plus forts sont les plus gros.

Dans le corps humain les muscles et les os sont en général disposés d'une manière peu favorable à la puissance des mouvements, mais très-favorable à leur rapidité.

Les muscles ne servent pas seulement à nous faire exécuter des mouvements, ils sont également nécessaires pour maintenir les os mobiles dans les positions qu'ils doivent conserver. Ainsi la tête, par son propre poids, tend à retomber en avant, et c'est la contraction des muscles de la partie postérieure du cou qui la tient relevée. Il en est de même pour la station : la position verticale est la plus naturelle à l'homme, mais elle nécessite une action très-énergique de la part d'un grand nombre de muscles ; sans lesquels le tronc se ploierait en avant, et les membres abdominaux fléchiraient sous le poids du reste du corps. Lorsque l'homme est dans cette position, les muscles qui servent à redresser sa colonne vertébrale et à étendre sa cuisse, sa jambe et son pied, sont mis en jeu avec une grande énergie.

Les muscles fléchisseurs ne sont pas appelés à exercer des efforts aussi considérables ni aussi fréquents, aussi sont-ils en général bien moins volumineux et moins puissants que les extenseurs.

La contraction des muscles est déterminée par l'action du système nerveux et a lieu tantôt d'une manière indépendante de la volonté, tantôt sous l'empire de cette puissance.

La direction des mouvements est décidée par l'espèce d'articulation que présente l'os, par la situation des muscles moteurs relativement à cet os, et par la disposition de leurs tendons : selon qu'ils sont libres, ou fixés dans une gouttière p, p, p, (fig. 17 Pl. 8), ou réfléchis par une poulie (Pl. 12, fig. 3).

L'étendue des mouvements tient : 1° au mode de l'articulation et à la longueur des fibres des muscles ; car plus les fibres sont longues, plus le raccourcissement qu'elles éprouvent est considérable, et par conséquent plus le mouvement qu'elles produisent est étendu : 2° au genre de levier que forme l'os mis en mouvement :

nous avons vu que le levier du troisième genre est avantageux sous ce rapport : 3° enfin, à la distance du point d'appui à laquelle s'insèrent les muscles moteurs; plus cette insertion est près de l'articulation, plus les mouvements sont étendus. La fig. 11 et la fig. 13 (Pl. 8) montrent les côtes avec les muscles intercostaux ; si les fibres des muscles étaient dans la direction a, perpendiculaires aux côtes, et qu'ils dussent se contracter dans un tiers de leur longueur, ils produiraient moins d'effet que les fibres b et d, qui, par la même étendue de contraction, rapprocheraient les deux côtes l'une de l'autre. Enfin la force dépend du nombre des muscles, de la quantité des fibres qui les composent, du degré d'irritabilité intrinsèque des muscles, de la direction des fibres, l'intensité étant moindre quand ces fibres sont obliques. La fig. 9 de la Pl. 8 montre dans quel but ont été disposées les fibres obliques des muscles; il est évident que la main l, qui devra rapprocher l'une de l'autre les deux barres j k et n, aura bien plus de force et de facilité si l'on dispose des cordes o o' et m m', que si la traction ne s'exerçait qu'à l'aide de la corde l n. La fig. 12 (Pl. id.) répond à la même démonstration : si a b est un tendon et c d un muscle; par la contraction de la fibre musculaire c d, les extrémités a b du tendon doivent être rapprochées l'une de l'autre d'une distance double de celle de la contraction du muscle. C'est en vertu de cette disposition que la flèche d'un arc est lancée avec force.

Des mouvements en particulier.

Nous avons vu que l'action des muscles sur les pièces du squelette amenait entre ces pièces des déplacements;

il nous reste à examiner comment ces changements déterminent les attitudes et les mouvements du corps tels que la marche, le saut, la course, la nage, la sustentation, la traction, etc.

Les attitudes sont de trois sortes : le coucher, la station assise et la station sur les deux pieds. Dans ces trois attitudes l'homme est immobile mais non inactif. Le coucher réunit au plus haut degré les deux conditions de l'équilibre, qui sont : la plus grande étendue possible de la base de sustentation, et la proximité du centre de gravité. On appelle centre de gravité le point d'un corps par où passe la résultante de toutes les forces partielles que la pesanteur exerce sur lui *o* (Pl. 9, fig. 9). Le coucher est l'attitude du repos, celle des personnes faibles, des malades, et n'exige aucun effort musculaire. Dans le coucher le corps peut effectuer quatre postures différentes, selon qu'il pose sur le dos, sur le ventre ou sur l'un des côtés; chacune d'elles est principalement relative à la plus ou moins grande facilité de la respiration.

Dans la station assise, le corps repose sur les tubérosités de l'os des hanches; la base de sustentation est encore assez large, puisqu'elle est représentée par le bassin *f* (Pl. 8, fig. 15) qui peut avoir plus ou moins d'étendue selon le plus ou moins de volume des parties molles qui le recouvrent : aussi il est impossible de se relever en conservant la rectitude du tronc; et il devient indispensable de porter le haut du corps en avant jusqu'à ce que le poids de la partie inférieure du tronc se trouve compensé, et que la verticale passe par la plante des pieds.

Après le coucher, l'attitude assise est celle qui offre le plus de solidité. Elle nécessite néanmoins, pour le maintien de l'équilibre, des contractions musculaires qui diffèrent d'après la manière dont on est assis. Lorsque le dos est appuyé, les muscles du cou sont les seuls qui fassent effort pour soutenir la tête dans sa rectitude. Si le dos n'est pas soutenu, la plupart des muscles postérieurs du tronc se contractent pour prévenir la chute en avant; et une fatigue réelle est l'effet de cette action énergique et continue.

La station debout est l'attitude la plus naturelle à l'homme. Dans cette position, le centre de gravité de tout le corps répond dans la cavité du bassin; et la base de sustentation est circonscrite par le parallélogramme qui renferme les deux pieds, fig. 9 (Pl. 9). Ici, le moindre effort peut détruire l'équilibre; et ce n'est qu'en agrandissant la base de sustentation dans un sens plutôt que dans l'autre, selon la direction des forces, que l'on peut prévenir une chute : du reste les mouvements par lesquels nous ramenons la verticale dans la base de sustentation, sont en quelque sorte automatiques. C'est ainsi que pour résister à une force qui tendrait à produire la chute en avant, nous avançons rapidement un pied; si notre corps penche vers la gauche, nous étendons subitement le bras droit ; si une force tend à nous renverser en arrière, nous reculons un pied et nous portons le corps en avant.

L'homme qui a un gros ventre, l'homme portant un lourd fardeau sur ses épaules sont obligés l'un et l'autre de prendre des attitudes qui changent la position du centre de gravité. Le premier rejette son corps en arrière, afin que la verticale passe entre ses deux pieds; et c'est pour la même raison que le second penche son corps en avant. Une femme qui porte un petit enfant sur le bras droit, rejette son corps sur le côté gauche.

Ainsi, nous faisons continuellement de la mécanique sans nous douter de ses notions les plus élémentaires; et les meilleures garanties de notre conservation tiennent à une application involontaire de lois physiques que notre raison ne dirige pas.

La station debout appartient exclusivement à l'homme. C'est l'attitude à laquelle l'a préparé sa structure anatomique. Ses membres se fléchissent dans un sens tout à fait opposé à la flexion des membres des quadrupèdes. Dans une station quadrupède, ses épaules et ses bras seraient trop faibles pour soutenir le poids de sa poitrine large et de sa tête volumineuse; ses jambes donneraient à la partie inférieure du corps une position plus élevée que celle de la tête : ce qui mettrait de grands obstacles à l'exercice des fonctions, et occasionnerait fréquemment des congestions cérébrales; la face aplatie et les yeux dirigés en avant seraient forcément tournés vers la terre. Toutes ces considérations démontrent le ridicule des prétentions de quelques sophistes qui ont regardé la marche sur quatre pieds comme inhérente à l'organisation humaine.

Nous devons dire quelques mots d'une disposition particulière qui assure la station des oiseaux pendant leur sommeil. La plupart, comme on sait, dorment perchés sur une branche qu'ils serrent fortement avec les doigts de leurs pattes : or cette constriction, qui les retient invariablement sur leur support, est un résultat de la manière dont les tendons des fléchisseurs des doigts descendent le long des pattes. Ces tendons *b c* (Pl. 9, fig. 11) passent derrière l'articulation du talon *c*; un muscle *a*, qui vient du pubis, se joint à eux en passant au-devant du genou *b* : en sorte qu'il suffit que, pendant son sommeil, l'oiseau soit abandonné à son poids, pour que les articulations devenant saillantes du côté vers lequel les tendons sont placés écartent ceux-ci de la direction verticale, les tirent, les allongent et leur fassent fléchir les doigts des pattes qui embrassent alors étroitement la branche sur laquelle l'oiseau est perché.

La marche est l'acte par lequel l'homme et les animaux se transportent d'un lieu dans un autre par une suite de mouvements qu'exécutent leurs jambes sans se détacher entièrement à la fois du sol, comme ils le font dans la course et dans le saut. Si l'homme est debout et que les deux pieds soient posés parallèlement sur le sol, tout le corps se porte sur l'une des jambes qui reste immobile pour lui fournir un point d'appui, fig. 7 (Pl. 9); le fil à plomb indique la direction de la pesanteur du corps qui passe derrière la tête du fémur, fait basculer les os des hanches et, par la tension des muscles de la partie antérieure de la cuisse a b (id.), étend la jambe sur la cuisse. La flexion des jambes a lieu de la manière suivante. La cuisse se plie sur le bassin, la jambe sur la cuisse, et le pied sur la jambe; mais la flexion de la cuisse sur le bassin ne peut avoir lieu sans porter en avant le genou ainsi que tout le membre : alors tous les muscles qui avaient concouru à cette élévation totale du membre se relâchent, la tête et le corps entier s'inclinent en avant; la verticale abandonne le membre fixé, pour se porter sur celui qui vient d'agir, et qui va servir maintenant de point d'appui à tout le corps, pendant que l'autre membre exécutera un mécanisme semblable. Les deux fémurs a b et a' b' de la fig. 12 (Pl. 9) montrent la direction variée que prennent ces os dans la marche : le fémur a b est appuyé sur le sol, sa direction est perpendiculaire; le fé-

mur *a' b'* a une direction oblique qui tient à ce qu'il est
élevé au-dessus du sol pour porter le pied en avant.

Dans la marche sur un sol ascendant, il y a plus de
difficultés à faire passer sans cesse le poids du tronc du
membre qui est resté en arrière, sur celui qui est porté
en avant, parce qu'il faut le mouvoir contre l'ordre de
la gravitation qui tend toujours à le ramener vers le
premier; aussi penche-t-on le corps en avant. C'est surtout au genou de la jambe qui est portée en avant que
se fait sentir la douleur, comme si les muscles extenseurs de la jambe, prenant cette fois-ci leur point d'appui fixe sur cette partie, cherchaient à tirer à elle avec
effort la cuisse et tout le tronc. Il y a aussi fatigue du
mollet du membre qui est resté en arrière, parce que
ces muscles étendent le plus possible le pied sur les
orteils.

Dans la descente, les phénomènes sont inverses et la
fatigue résulte des efforts que l'on fait pour combattre
la tendance qu'a le corps à tomber en avant ; c'est aux
muscles vertébraux qu'est surtout rapportée la fatigue.
Dans ces différents cas un escalier est plus commode,
parce qu'on peut placer le pied à plat. La sûreté de la
marche est toujours en raison directe du degré d'écartement des pieds, et en raison inverse de la mobilité du
sol qui nous supporte. Ce n'est qu'après un certain
temps que les matelots marchent avec assurance sur le
pont des vaisseaux. Aussi, une fois qu'ils ont contracté
le *pied marin*, est-il très-aisé de les reconnaître sur
terre, à l'habitude qu'ils ont prise d'écarter considérablement les pieds.

Le saut est un mouvement par lequel l'homme se
projette en l'air, et retombe sur le sol aussitôt que l'impulsion est détruite. Le mécanisme du saut repose en-

tièrement sur la flexion préalable de toutes les articulations et sur leur extension subite. Lorsqu'un sauteur
veut s'élancer, il s'abaisse en se pliant sur lui-même ;
le pied se fléchit sur le dos des orteils, la jambe se fléchit en avant sur le pied détaché du sol par le talon ;
la cuisse se fléchit aussi, mais en arrière, sur la jambe;
le tronc avec le bassin se fléchissent, en avant, sur la
cuisse; et même, lorsqu'il veut sauter de toutes ses forces, le tronc se fléchit sur lui-même comme le ferait un
ressort. Dans ces préliminaires du saut, les membres
inférieurs et le corps figurent une suite de zigzags ou
de leviers infléchis dans leurs articulations. Au moment
de la projection du saut, toutes ces articulations s'é-
tendent et s'ouvrent à la fois; le pied comprimant alors
brusquement le sol qui résiste, l'impulsion semble se
réfléchir sur le corps et le projeter en l'air : comme le
fait une verge élastique que l'on plie contre le sol et
qu'on abondonne tout à coup à son ressort.

Il est aisé de voir que les parties qui agissent le plus
dans le saut, sont les jambes : c'est là, en effet, que le
poids à soulever est plus considérable; aussi la facilité
et la rapidité du saut sont-elles toujours en raison directe de l'énergie des muscles qui déterminent l'extension des jambes. On a remarqué que les danseurs les
plus habiles, de même que les grands marcheurs, ont
le mollet fortement dessiné, cette partie étant formée
par la réunion des muscles qui opèrent l'extension de la
jambe sur le pied. Une course préparatoire augmente
beaucoup l'étendue du saut en avant ; lorsqu'on prend
son élan, le corps acquiert une force d'impulsion bien
supérieure à celle qu'il aurait eue s'il s'était élancé du
sol en partant d'une situation fixe.

Les bras influent aussi sur la production du saut et

sur son étendue; soit qu'ils fassent l'office d'ailes, soit que les muscles qui servent à les élever exercent en même temps sur le tronc une traction en haut.

La course tient à la fois de la marche et du saut. Il y a toujours dans la course un moment où le corps est suspendu en l'air; circonstance qui la distingue de la marche rapide, dans laquelle le pied qui reste en arrière n'abandonne le sol que quand le pied qui est en avant l'a touché.

Il est très-peu d'animaux plus favorablement construits que l'homme pour la course. Quelle vitesse est égale à celle du sauvage exercé qui poursuit et atteint le gibier dont il veut se nourrir? Ne voit-on pas en Europe des coureurs dont l'agilité est supérieure à celle du meilleur cheval? Ces hommes respirent avec une grande célérité, jettent en arrière la tête et les épaules, n'appuient sur le sol que l'extrémité des pieds, et balancent leurs bras de manière à les tenir dans une opposition constante avec leurs jambes.

La nage de l'homme n'est qu'un saut horizontal sur l'eau; telle est aussi celle de la grenouille. Les membres supérieurs étant allongés en pointe au-devant de la tête, les inférieurs se raccourcissent d'abord, puis s'étendent brusquement, comme dans le saut sur la terre; ils frappent ainsi l'eau fortement en arrière : cette eau cède sans doute beaucoup à cette impulsion, cependant elle ne cède ni assez vite ni assez pleinement, et une partie du mouvement est répercutée sur le corps; les pieds sont tournés en dehors, pour que la surface par laquelle ils frappent l'eau soit plus grande. Les membres inférieurs, que le mouvement précédent avait écartés, se rapprochent pour ne pas contrarier l'impulsion en avant qu'ils ont donnée; ils s'accolent l'un à l'autre en simulant l'arrière d'un bateau : alors les membres supérieurs s'écartent à leur tour et sont ramenés avec force sur les côtés du corps, en décrivant un rond et en frappant sur l'eau qui leur sert encore de point d'appui. Enfin la poitrine est dilatée pour augmenter le volume du corps et le rendre spécifiquement plus léger, la tête est tenue élevée hors de l'eau.

La nage n'est pas naturelle à l'homme, elle exige de sa part une étude ; son corps, en effet, n'a aucune des conditions d'hydrostatique que présente celui des animaux qui vivent dans l'eau, et, ainsi que nous venons de le décrire, il ne parvient à se maintenir sur ce liquide qu'à l'aide de mouvements qui ont le double objet de donner à son corps le plus de surface possible, et de lui faire trouver un point d'appui sur l'eau.

La sustentation dépend du même mécanisme que la station ordinaire; plus d'efforts sont exigés à cause du fardeau, qui, placé sur la tête, le cou ou les épaules, tend à affaisser les différentes brisures les unes sur les autres. Les grands chapeaux dont se couvrent les portefaix ont l'avantage de fixer mécaniquement, et par le poids même du fardeau, la tête au dos; car ils constituent un arc-boutant courbe, depuis le front jusqu'aux épaules.

La traction s'effectue par le mécanisme suivant : le corps est dans l'extension, les pieds sont appuyés et solidement fixés au sol, les mains saisissent la masse à mouvoir; tout à coup les diverses brisures du corps se fléchissent avec force, les deux extrémités tendent à se rapprocher, et celle qui n'est pas fixée au sol et qui tient le corps l'entraîne avec elle.

Pour compléter l'histoire de tous les mouvements progressifs des animaux, il nous resterait à étudier le mécanisme du vol et de la reptation; mais la *physiologie* de l'homme est notre seul objet d'étude, et nous devons négliger tout ce qui lui est étranger.

Depuis l'état d'embryon jusqu'à dix-huit ou vingt ans les os changent continuellement de forme, de grandeur, de volume, etc.; par conséquent, pendant tout le temps que dure l'ossification, les attitudes et les mouvements doivent suivre les changements qu'éprouve le squelette. Ordinairement, à vingt ou vingt-deux ans l'accroissement des os en longueur est terminé; mais ils continuent de croître en épaisseur jusqu'après l'âge adulte. A cette époque tout accroissement cesse, et les os continuent à recevoir des éléments réparateurs; jusqu'à ce que les progrès de l'âge viennent apporter dans leur texture des altérations maladives et des décompositions chimiques.

Les muscles offrent aussi de grandes modifications suivant les âges : chez l'embryon ce sont des masses gélatiniformes, grêles et peu prononcées, qui se développent avec les progrès de la grossesse, mais d'une manière peu marquée. Pendant l'enfance et la jeunesse, la nutrition des muscles s'accélère; mais ils croissent particulièrement en longueur, et c'est à cela que sont dues les formes arrondies, sveltes, agréables, des jeunes filles et du jeune homme. A l'âge adulte, les muscles croissent en épaisseur; ils augmentent de volume et se prononcent fortement sous la peau, leur tissu prend plus de consistance et leur nature chimique elle-même se modifie. C'est à ces changements que se rapportent les propriétés différentes du bouillon qui est fait avec la chair d'animaux jeunes, ou bien avec la chair d'animaux vieux.

Dans la vieillesse, la nutrition des muscles décroît

sensiblement; ces organes diminuent en volume, ils sont flasques, vacillants, et leur fibre devenue coriace est à peine capable d'ébranler les os que, naguère, elle faisait mouvoir avec tant d'énergie.

La contraction musculaire subit à peu près les mêmes variations que la nutrition des muscles : faible et peu marquée chez le fœtus, elle augmente d'activité à la naissance, s'accroît rapidement dans l'enfance et la jeunesse, acquiert son plus haut degré de perfection dans l'âge adulte, et finit par se perdre presque entièrement chez le vieillard décrépit.

Je ne terminerai pas l'histoire des mouvements sans dire quelques mots d'une des anomalies les plus fréquentes que présente l'organisation humaine, à savoir : la prédominance native d'accroissement et d'habileté du bras droit sur le bras gauche. Les physiologistes et les philosophes qui ont abordé cette question intéressante ont rapporté aux influences de l'éducation l'augmentation de force et d'activité que l'un des deux bras présente dès le moment de la naissance et pendant toute la vie. Les uns et les autres se sont laissé séduire par l'analogie que présentent entre elles les lois qui régissent l'instinct de l'imitation, et celles qui gouvernent les habitudes. Cette comparaison n'est pas possible ; il est démontré par le raisonnement et par l'expérience que, si nos facultés peuvent recevoir, en se développant, l'influence des agents extérieurs, du moins les premiers actes de notre vie sont le jeu nécessaire de nos organes. On ne peut pas considérer ces actes comme des habitudes devenues involontaires; car nous conservons toujours le pouvoir de maîtriser ces impressions, et de prévenir ou de repousser celles qui nous seraient nuisibles.

Pénétré de la puissance des changements que les habitudes amènent dans nos fonctions, Pascal se demandait « si la nature n'étoit pas une première habitude plutôt que celle-ci n'est une seconde nature » (*Pensées de Pascal*). Et il dit ailleurs : « Les êtres animés n'étoient-
» ils, dans leur principe, que des individus informes et
» ambigus, dont les circonstances permanentes au mi-
» lieu desquelles ils vivoient ont décidé originairement
» la constitution ? »

Cabanis est allé plus loin : « L'homme, dit-il, envi-
» ronné d'objets qui font sans cesse sur lui de nouvelles
» impressions, ne discontinue pas un moment de s'é-
» lever. » (*Rapports du physique et du moral.*)

M. Degérando rend cette pensée plus concise : il y a, selon lui, une éducation tant qu'il y a un avenir.

Vicq-d'Azyr a écrit que toutes nos actions pouvaient être influencées par l'habitude; Galliani, dans une lettre qui fait partie de la *Correspondance littéraire* de Grimm, s'exprime ainsi sur le pouvoir de l'habitude : « ..... Que
» Linguet ne vienne pas me dire que l'éducation ne dé-
» truit pas à fond la nature, qu'elle ne peut la changer
» que du plus au moins; il se trompe : j'écris par habi-
» tude, j'écris de ma main droite, qui, par nature, ne
» diffère point de ma gauche. Il n'est point vrai que j'é-
» crive mieux de ma main droite que de ma gauche :
» c'est qu'avec ma gauche je n'écris point du tout; mais
» point, vous dis-je. Ces deux mains diffèrent donc spé-
» cifiquement du tout au rien. »

Enfin Francklin a écrit quelques lignes charmantes sur ce sujet, sous le titre de *Pétition de la main gauche à ceux qui sont chargés d'élever des enfants*. On me pardonnera, je l'espère, la citation que j'ai cru devoir en faire ici, pour donner un intérêt particulier à la digression physiologique qui m'occupe en ce moment.

« Je m'adresse, dit la main gauche, je m'adresse à tous les amis de la jeunesse, et je les conjure de jeter un regard de compassion sur ma malheureuse destinée, afin qu'ils daignent écarter les préjugés dont je suis victime.

» Nous sommes deux sœurs jumelles, et les deux yeux d'un homme ne se ressemblent pas plus, ni ne sont pas plus faits pour s'accorder l'un avec l'autre, que ma sœur et moi; cependant, la partialité de nos parents met entre nous la distinction la plus injurieuse. Dès mon enfance, on m'a appris à considérer ma sœur comme un être d'un rang au-dessus du mien; on m'a laissée grandir sans me donner la moindre instruction, tandis que rien n'a été épargné pour la bien élever. Elle avait des maîtres qui lui apprenaient à écrire, à dessiner, à jouer des instruments; mais si, par hasard, je touchais un crayon, une plume, une aiguille, j'étais aussitôt cruellement grondée : j'ai même été battue plus d'une fois parce que je manquais d'adresse et de grâce.

» Il est vrai que, quelquefois, ma sœur m'associe à ses entreprises; mais elle a toujours grand soin de prendre le devant et de ne se servir de moi que par nécessité, ou pour figurer auprès d'elle.

» Ne croyez pas, Messieurs, que mes plaintes soient excitées par la vanité; non, mon chagrin a un motif bien plus sérieux. D'après un usage établi dans ma famille, nous sommes obligées, ma sœur et moi, de pourvoir à la subsistance de nos parents. Je vous dirai, en confidence, que ma sœur est sujette à la goutte, aux rhumatismes, à la crampe, sans compter beaucoup d'autres accidents. Or, si elle éprouve quelque indisposition, quel sera le sort de notre pauvre famille!... Nos parents ne se repentiront-ils pas alors amèrement d'avoir mis une si grande différence entre deux sœurs si parfaitement égales?... Hélas! nous périrons de misère, il me sera impossible de griffonner une pétition pour demander des secours; car j'ai été obligée d'emprunter une main étrangère pour transcrire la requête que j'ai l'honneur de vous présenter.

» Daignez, Messieurs, faire sentir à nos parents l'injustice d'une tendresse exclusive, et la nécessité de partager également leurs soins et leur affection entre tous leurs enfants.

» Je suis avec un profond respect, Messieurs, votre obéissante servante,

» La Main gauche. »

Ici se présente une remarque importante : cette activité plus grande des membres droits, ce penchant qui nous porte à leur donner la préférence dans les mouvements, ne sont pas seulement communs à tous les hommes civilisés, mais ils semblent précéder la civilisation même; car cette disposition a été observée chez des peuples sauvages plongés dans la plus barbare ignorance. Lorsqu'on trouve autant de coutumes variées que de peuples divers; lorsque, par un travers aussi inexplicable que singulier, certains peuples ont contracté l'habitude de se défigurer en cent manières bizarres : les uns en s'aplatissant le front, d'autres en s'allongeant la tête; ici en s'écrasant le nez, là en se perçant les oreilles : comment se fait-il que l'on ne trouve pas un peuple qui ait contracté l'habitude de se servir de ses deux mains avec une force ou une adresse égales, ou pas une nation chez qui le bras gauche ait présenté constamment plus d'agilité et plus de force que le bras droit?..... Si la préférence accordée au bras droit doit être regardée comme un effet de l'éducation et des besoins de la société, une règle dictée dans l'intérêt de tous ne devait souffrir aucune exception : il n'est pas rare, cependant, de rencontrer des sujets qui apportent en naissant une tendance à exercer préférablement leur bras gauche, et qui conservent toute leur vie plus de fermeté et de précision dans les mouvements de ce membre que dans ceux du bras droit.

Je sais que c'est principalement par les exemples dont on entoure l'enfance que s'opère l'éducation physique ; que la plupart de nos actions ne sont que des imitations plus ou moins fidèles de ce que nous avons vu faire ou de ce que l'on nous a enseigné, et que, si cette faculté d'imitation est graduée dans les diverses espèces d'animaux, elle obtient dans l'homme tout son développement, parce qu'il y a en lui un esprit d'observation plus curieux, plus investigateur, et un principe d'activité plus infatigable. La *Pétition de la main gauche* vient de nous rappeler qu'on apprend aux enfants, dès le plus bas âge, à se servir exclusivement de la main droite, qui bientôt prend un développement plus considérable que la gauche, et devient plus apte qu'elle à exécuter les mouvements les plus importants. Mais, tout en reconnaissant l'influence de l'habitude et l'importance des modifications infiniment variées qu'elle imprime à l'exercice des fonctions, je crois qu'elle n'est elle-même qu'un résultat dont il faut découvrir la cause. En effet, chaque animal, en vertu des lois primitives de son organisation, est assujetti à des déterminations particulières : lorsque ces déterminations s'accomplissent, elles introduisent dans l'ensemble des fonctions des mo-

difications qui, à la longue, se changent en habitude.
Les phénomènes secondaires de la vie peuvent bien
éprouver des changements par la répétition ou la continuité des mêmes actes ou des mêmes impressions; mais
nous devons apporter en naissant des dispositions organiques à contracter telle ou telle habitude. Cetteidée
fut celle de Bichat, qui dit dans ses *Recherches physiologiques sur la vie et la mort :* « Je crois bien que
» quelques circonstances naturelles ont influé sur le
» choix de la direction des mouvements généraux qu'exi-
» gent les habitudes sociales. » Et plus loin : « ..... Les
» membres droits et gauches ne sont jamais semblables;
» et, sans qu'on en ait trouvé une bonne raison, l'or-
» gane du côté droit est un peu plus développé, plus
» fort, et même assez souvent un peu plus antérieur
» que celui du côté gauche, en sorte qu'il est toujours
» le premier en action. L'habitude que l'homme a de
» se servir de préférence de ses membres droits nous
» semble plutôt le résultat d'une disposition organique,
» *dont toutefois la nature première nous est inconnue*,
» que de l'éducation et des conditions sociales dans les-
» quelles il vit. »

Dans un mémoire lu en 1827 à l'Académie des Sciences, et imprimé en 1828 dans le *Journal de Physiologie*
de M. Magendie, j'ai examiné et discuté, les unes après
les autres, les hypothèses diverses qui ont été mises en
avant pour rendre raison de la prédominance native du
bras droit sur le bras gauche. J'ai fait voir que, dans
cette question, on avait toujours voulu expliquer une
chose par une autre que l'on croyait avoir expliquée
elle-même; et que c'était dans un cercle vicieux, où
l'on cherchait en vain une explication réelle, qu'avait
roulé jusqu'à présent la solution de ce problème. Je ne

puis pas reproduire ici mon mémoire tout entier, mais je vais rappeler ce qu'il offrait de nouveau sur cette question ; j'y suis peut-être autorisé par les suffrages élevés qui accueillirent, à l'Académie des Sciences, mes *Recherches anatomico-physiologiques relatives à la prédominance du bras droit sur le bras gauche,* par l'honorable publicité que M. le professeur Magendie voulut bien leur donner alors, et par la confirmation qu'elles ont reçue, depuis, en Angleterre et en Allemagne.

Placé en 1826, en qualité de chirurgien interne, à la *Maternité de Paris*, je tâchai de tirer parti des circonstances favorables qui me permettaient d'observer l'accroissement progressif du fœtus humain, d'examiner fréquemment, non pas seulement l'embryon, mais les enveloppes qui le contiennent, et de constater ainsi ses rapports anatomiques dans les entrailles maternelles, dans ce berceau que la nature lui a préparé pour l'essai de sa vie encore incertaine. Cet ordre de recherches me mit sur la voie de phénomènes physiologiques entièrement nouveaux, dont la connaissance serait, je crois, depuis long-temps classique si l'on avait pu soupçonner tout l'intérêt que présente leur étude.

Mon travail a établi, sur près de *vingt et un mille faits observés,* que l'activité moindre de l'épaule, du bras et du côté gauches, au moment de la naissance, est l'effet de la *compression* que ces parties du fœtus éprouvent *sur les points résistants de la moitié postérieure de la circonférence interne du bassin, et sur la région lombaire de la colonne vertébrale, pendant les cinq derniers mois de la grossesse.* Cette idée m'est venue de l'observation attentive de la grossesse ; et je me demande encore comment il se fait qu'avec une connaissance exacte des phénomènes de la gestation, et une théorie presque mathématique du travail de l'accouchement, une explication aussi simple ait pu si long-temps rester ignorée. Il est vrai que les explications naturelles sont toujours les dernières auxquelles on songe ; mais, une fois découvertes, elles durent toujours.

Voici, d'une manière générale, l'exposé des faits observés et des conséquences physiologiques qui en ont été déduites :

Pendant les premiers mois de la grossesse, le fœtus n'a pas de situation fixe dans le sein maternel ; la quantité d'eau qui l'entoure est assez considérable, comparativement à son volume, pour qu'il puisse affecter plusieurs positions. Ce n'est que du quatrième au cinquième mois, que ses dimensions surpassent en étendue les diamètres antéro-postérieurs et transversaux de la poche qui le contient ; et à cette époque il est obligé de conserver la position dans laquelle il se trouve. Sans examiner ici les situations variées que peut affecter le fœtus et les points du corps qu'il présente au moment de la naissance, je me suis arrêté aux deux positions les plus fréquentes du sommet de la tête, en démontrant la fréquence relative de cette présentation du fœtus sur toutes les autres.

Dans la première position, la tête et le corps de l'enfant sont dans les rapports suivants :

L'occiput est dirigé vers la cavité cotyloïde gauche ;

La face est tournée vers la symphyse sacro-iliaque droite ;

L'épaule, le bras et toute la région latérale droite sont en rapport avec la paroi antérieure et latérale droite de l'abdomen ;

L'épaule, le bras et toute la région latérale gauches

répondént à la paroi postérieure et latérale gauche de la même cavité;

Le dos est dirigé vers le flanc gauche, les régions antérieures de l'abdomen et de la poitrine regardent le flanc droit.

Ainsi cette première position de la tête doit entraîner inévitablement, pour le corps du fœtus, une situation telle que l'épaule, le bras et toute la région latérale gauches de l'enfant, appliqués *sur les points résistants de la moitié postérieure de la circonférence interne du bassin et sur la colonne lombaire, éprouvent une compression lente et continuelle qui doit retarder l'afflux du sang artériel, entraver le retour du sang veineux, ralentir l'influence nerveuse, et diminuer ainsi l'énergie vitale de ces parties.*

Si l'on tient compte de la durée de cette compression, on ne se refusera pas à admettre cette première conséquence, qu'au moment de la naissance, dans le plus grand nombre des cas, l'activité vitale du bras gauche est moindre que celle du bras droit, ce qui rend le premier comparativement plus faible que le second.

Il m'a semblé curieux de constater si, lorsque les fœtus présentent une position de la tête opposée à la première, on rencontre des résultats opposés à ceux que je viens de signaler; car, si l'idée que je me fais de ce phénomène est exacte, la différence dans les causes doit se reproduire dans les effets.

Or, dans la série des positions du sommet, l'ordre de fréquence fait succéder la position occipito-cotyloïdienne droite à la position occipito-cotyloïdienne gauche, et cette présentation de la tête entraîne pour le corps du fœtus les rapports suivants.

L'épaule, le bras et toute la région latérale gauches

du corps sont tournés vers la paroi antérieure et latérale gauche de l'abdomen.

L'épaule, le bras et tout le côté droits répondent à la paroi postérieure et latérale droite de la même cavité, et sont appliqués sur les *points résistants de la moitié postérieure de la circonférence interne du bassin* et sur la *colonne lombaire*.

Il est facile de pressentir les conséquences nécessaires de ces rapports nouveaux. La compression déjà signalée doit ici s'exercer encore, mais ce ne sera plus sur le même côté; car la différence des positions doit se représenter dans les résultats qu'elles amènent : ce sera donc dans l'épaule et le bras droits qu'on devra trouver cette *infériorité*, cette *faiblesse comparatives* dans l'énergie vitale et dans les mouvements.

C'est dans ce fait seul qu'on doit chercher l'explication de la prépondérance du bras droit sur le bras gauche, dans le plus grand nombre des cas, et l'activité plus grande du bras gauche en quelques cas particuliers.

Je viens d'indiquer la liaison qui existe entre les divers rapports anatomiques du fœtus et les résultats qu'ils entraînent : il faut maintenant prouver que le nombre des gauchers est à celui des droitiers dans la même proportion que la deuxième position du sommet est à la première; et pour cela je vais tracer le tableau de la fréquence relative de la présentation de la tête sur la présentation des autres points du corps du fœtus, et je décrirai la fréquence comparative des positions de la tête entre elles.

La marche suivie par les expérimentateurs modernes, et qui a tant contribué aux progrès de la physiologie, consiste à faire des observations, des expériences multipliées, et à ramener tous les faits observés au plus petit nombre possible de faits généraux. Je vais donner ici le résumé de l'histoire de 18,000 accouchements observés et décrits avec soin à la Maison royale d'Accouchement, dans l'espace de plusieurs années, et j'y joindrai les 20,539 qui ont eu lieu pendant mon séjour dans cet établissement.

Sur 20,539 naissances on a observé 19,810 présentations de la tête, et 729 présentations des autres extrémités ; cette fréquence si remarquable des présentations de la tête a fixé de tout temps l'attention des accoucheurs, qui en trouvèrent la cause : 1° dans la position oblique du bassin ; 2° dans la pesanteur relative de la tête, qui, étant toujours la partie la plus volumineuse, devait nécessairement occuper le point le plus déclive. Si l'on réfléchit, en outre, à la structure anatomique de cette extrémité du fœtus, on se convaincra que cette présentation est la plus naturelle et la plus favorable pour l'heureuse issue de l'accouchement.

Les extrémités des grands diamètres de la tête (le front et l'occiput) peuvent correspondre aux différents points de la circonférence interne du détroit du bassin ; mais la forme de ce détroit fait que certaines positions sont plus fréquentes et presque obligées : aussi le raisonnement, d'accord avec l'expérience, prouve que l'occiput est la région qui s'adapte le mieux à la forme du détroit abdominal, puisque, dans les 19,810 présentations de la tête, l'occiput s'est présenté 19,727 fois. Les mêmes relevés prouvent que sur ces 19,727, la première et la deuxième position du sommet ont été observées 19,379 fois.

Si l'occiput a une si grande tendance à se placer derrière l'une ou l'autre paroi antéro-latérale du bassin, c'est que les rapports de ces deux premières positions sont les plus favorables pour la sortie de la tête au détroit supérieur.

Qu'il me soit permis de faire remarquer qu'en simplifiant progressivement les termes de ma proposition je suis déjà arrivé à établir que sur 20,539 accouchements 19,379 enfants présentent, dans le sein de leur mère, des rapports anatomiques qui entraînent la compression de l'épaule, du bras et de toute la région latérale d'un côté quelconque du corps par les *points résistants de la moitié postérieure de la circonférence interne du bassin* et par la *colonne lombaire pendant les cinq derniers mois de la gestation.*

Maintenant il me reste à déterminer de combien la première position est plus fréquente que la deuxième.

Les mêmes recherches m'ont prouvé que, sur 19,379 présentations de l'occiput, la première position (occipito-cotyloïdienne gauche) avait été observée 17,226 fois; la deuxième (occipito-cotyloïdienne droite), 2,153 fois. Ainsi, dans 20,539 accouchements, 17,226 enfants sont dans des conditions telles, qu'ils présentent en naissant une *circonstance naturelle qui doit influer sur le choix* des mouvements qu'exigent les habitudes sociales, circonstance naturelle dont Bichat ignorait la nature et qu'il avait cependant pressentie. En d'autres termes, 17,226 enfants, au moment de la naissance, présentent dans l'épaule, le bras et toute la région latérale gauches une *infériorité* et une *faiblesse comparatives* dans l'énergie vitale et dans les mouvements.

Ce n'est pas tout : j'ai fait voir que, sur 20,539 accouchements, 2,153 enfants ont présenté la deuxième position du sommet. Si je me suis suffisamment expliqué, lorsque j'ai décrit les rapports anatomiques et les résultats qu'entraîne cette position, on sentira que ces 2,153 enfants apportent en naissant une disposition organique qui, par son influence sur le *choix des mouvements*, rend ces enfants plus aptes à se servir de la main gauche que de la droite, puisque l'épaule, le bras et toute la région latérale droite, comprimés pendant les cinq derniers mois de la grossesse, présentent à la naissance une infériorité et une faiblesse comparatives dans l'énergie vitale et dans les mouvements.

On s'est demandé pourquoi la tête affectait si souvent la première position du sommet, et la réponse à cette question a été fournie par l'examen des dispositions mécaniques du bassin, et par l'étude des rapports anatomiques qui existent entre le fœtus, l'utérus et cette cavité osseuse.

1° Des deux dépressions latérales (faces antérieures des symphyses sacro-iliaques) que présente le bassin dans la moitié postérieure de sa circonférence interne, celle du côté gauche est occupée par la partie supérieure de l'intestin rectum ; comme cet intestin est souvent rempli de matières fécales endurcies, l'extrémité correspondante de la tête au fœtus peut difficilement s'arrêter de ce côté, et glisser dans la dépression latérale droite : or cette extrémité est le front, et, quand le front est sur la symphyse sacro-iliaque droite, l'occiput est derrière la cavité cotyloïde gauche ; ce qui constitue la première position.

2° Des trois obliquités que peut affecter le fœtus, l'obliquité latérale droite est la plus fréquente ; et la première position du sommet de la tête est la conséquence nécessaire de cette obliquité, la fréquence de l'une décide la fréquence de l'autre. On a expliqué cette obliquité par la différence de longueur des ligaments

ronds, par la saillie que forme l'intestin rectum au-
devant du sacrum, et, comme le prouvent les planches
de Hunter, par la disposition des organes abdominaux.

Je crois que si l'on examine attentivement ce qui se
passe pendant les efforts que font, avec les membres supérieurs, les femmes grosses qui ont une obliquité latérale droite, on trouvera la vraie cause de cette incli-
naison du fœtus dans la forme que prend alors l'abdomen, et dans la direction suivant laquelle les muscles
abdominaux se contractent. Les anatomistes ont remarqué la courbure latérale de la région dorsale du rachis;
déjà Bichat l'avait attribuée aux efforts dont les plus
nombreux se font avec le bras droit, et pendant lesquels nous sommes obligés de nous pencher un peu en
sens opposé pour offrir à ce membre un point d'appui
solide; et si je cite cette opinion c'est moins pour rappeler une chose que tout le monde sait que pour expliquer par elle un fait jusqu'alors inexplicable : je veux
dire l'hérédité de l'aptitude à être gaucher. En effet,
si l'usage plus fréquent du bras droit décide l'obliquité
latérale droite, et par elle entraîne la première position
du sommet de la tête, position qui offre pour résultat
l'aptitude à être droitier; ne suis-je pas autorisé à dire
que l'usage plus fréquent du bras gauche, décidant l'obliquité latérale gauche, entraînera la deuxième position du sommet de la tête, position dont la conséquence
est l'aptitude à être gaucher?

Je pourrais m'arrêter ici, et penser que j'aurais ré-
solu le problème que je m'étais proposé, en prouvant
que les premiers actes de notre vie sont le jeu nécessaire de nos organes, et que nous apportons en naissant
une disposition organique à contracter telle ou telle ha-

bitude ; mais, comme on se fortifie dans un sentiment en repassant en son esprit toutes les raisons qui l'appuient, je crois devoir ajouter quelques réflexions, pour ne laisser aucun doute sur l'exactitude de cette explication.

En cherchant les rapports numériques de la deuxième position du sommet avec les autres positions que le corps du fœtus peut affecter dans le sein de sa mère, j'obtiens la proportion suivante :

$$2{,}153 : 20{,}539 :: 1 : 9\,\tfrac{1}{20}$$

c'est-à-dire 2,163 enfants aptes à être gauchers sont, à 20,539 enfants qui ont plus de tendance à être droitiers, comme 1 est à $9\,\tfrac{1}{20}$; or dans le monde on rencontre la même proportion (à peu de chose près) entre les gauchers et les droitiers, et l'on peut s'en convaincre par l'examen d'un grand nombre d'individus jeunes encore, et chez lesquels les habitudes, l'éducation et quelques exercices particuliers n'ont pas encore fait disparaître les dispositions congéniales de tel ou tel bras à l'excès relatif de vie et d'action que j'ai signalé.

Lorsque, pour la première fois, l'observation attentive des rapports du fœtus dans le sein maternel vint révéler à mon esprit cette explication toute physiologique d'un aussi curieux phénomène, j'en fis part au chirurgien en chef de la Maison d'Accouchement, M. Dubois, dont l'expérience était si vaste et l'opinion si imposante. Frappé comme moi de la liaison qui paraissait exister entre les rapports anatomiques du fœtus avec sa mère et ses aptitudes natives, il m'engagea à vérifier par un grand nombre d'observations l'exactitude de ma théorie. Je consacrai plusieurs années à recueillir tous les faits qui servirent de base à ce travail, que je n'eus pas besoin d'accompagner de longues et nombreuses remarques ; car les faits n'ont besoin d'autre appui que la vérité dont ils sont l'expression.

Je dois ajouter que j'ai pu suivre quelques enfants dont j'avais observé la naissance, et que constamment l'activité plus grande des mouvements de leurs bras m'a paru coïncider avec les rapports qu'ils avaient eus dans le sein de leur mère, rapports que le mécanisme de l'accouchement permet de calculer avec une rigoureuse précision.

Il me semble que les observations précédentes prouvent que l'activité plus grande des membres droits, que le penchant qui nous porte à leur donner la préférence dans les mouvements, sont le résultat d'une *prédisposition congéniale,* et non pas de l'habitude. J'ai prouvé que cette prédisposition congéniale existait 17,226 fois sur 20,839 cas, et cette proportion numérique rappelle celle des droitiers sur les gauchers et les ambidextres. Quant à ces derniers, leur nombre est si petit dans le premier âge, que je n'en aurais pas fait mention si les mêmes recherches ne m'avaient prouvé que le fait de l'ambidextrie, loin d'être extraordinaire, peut s'expliquer, ce me semble, par une aptitude congéniale à faire usage des deux membres ; mais cette aptitude ne peut exister qu'autant que le fœtus qui doit en jouir aura été soustrait, dans le sein de sa mère, à la *compression faible mais permanente qui, chez les autres fœtus, affaiblit l'activité vitale de l'épaule, du bras et de toute la région latérale d'un côté quelconque du corps.* Or, deux positions seulement sont affranchies de cette *compression,* ce sont les positions directes ; on les a observées 10 fois sur 19,727 présentations de l'occiput, où, ce

qui est la même chose, sur 20,539 accouchements : d
là le peu d'ambidextres que présente la société.

Qu'il me soit permis, en terminant ce sujet, de signaler un abus déplorable qui trompe l'enfance sur l'usage
de ses sens et l'emploi de ses forces. L'avantage particulier que l'homme avait reçu de la Providence par la
perfection de ses membres supérieurs, lui est ravi,
comme l'a si ingénieusement dit Francklin, dans l'éducation de sa première enfance. A cette époque on de-
vrait s'attacher à enlever au bras droit une prééminence
de force et d'activité que ce membre ne doit qu'à l'infériorité relative du bras gauche : loin de là, on l'exerce
généralement dans la proportion même de son aptitude
spéciale ; plus le cercle de ses mouvements viendra à
s'étendre, plus aussi grandira la désharmonie entre
deux membres qui, au lieu d'être étrangers l'un à l'autre, devraient constamment se prêter un mutuel secours.
J'ai dit que l'éducation première tend à maintenir ce
défaut d'équilibre et cette disproportion native des deux
bras; on sera, comme moi, frappé de la vérité de cette
remarque, si l'on examine comment les nourrices portent leurs enfants : on voit alors que l'enfant, assis sur
l'avant-bras droit de sa nourrice, jouit librement de son
bras droit, tandis que son bras gauche, fixé le long de
son côté, est maintenu dans une immobilité presque
absolue par la poitrine de la nourrice. Cette habitude
des nourrices est générale, elles la doivent à la nécessité
de supporter l'enfant avec leur bras le plus fort; et d'ac-
complir un grand nombre d'actions avec leur bras gauche, qui pour cela doit être libre.

Look conseille, pour régulariser les évacuations al-
vines des enfants, de les présenter à la garde-robe tous
les jours et à la même heure, jusqu'à ce que l'habitude

s'en soit établie; mais il s'élève avec force contre le
danger que peuvent entraîner les premières influences
de l'exemple, les plus importantes peut-être. Conti-
nuons son ouvrage sur le même plan, veillons à l'origine
de nos habitudes, pour n'en laisser contracter que de
salutaires, et pour ne les favoriser que d'une manière
réfléchie. Ce principe, toujours bien compris et jamais
oublié, finirait nécessairement, j'en suis sûr, par faire
disparaître dans l'homme la désharmonie constante de
deux organes si importants. En condamnant à une inaction temporaire le bras qui, à la naissance, paraît être
le plus actif, on rendrait à l'autre ce qui lui manque
d'énergie vitale et de force, et l'on rétablirait ainsi l'é-
quilibre.

J'ai pensé que cette indication, qui ressort d'un travail
expérimental dont la nature toute seule a fait les frais,
pouvait avoir de bons résultats; je l'ai suivie avec succès
un grand nombre de fois; et je m'estimerais fort heureux si ceux qui songeront à m'imiter dotaient d'un
membre de plus les enfants objets de leurs soins, et
arrivaient ainsi à prouver qu'en cherchant simplement
à éclairer un point encore douteux de physiologie j'ai
découvert un principe nouveau d'hygiène publique et
d'éducation privée.

SENSATIONS.

Les sensations font connaître à l'homme tout ce qui
l'environne, et la faculté de les percevoir réside dans
un appareil particulier appelé système nerveux. La
sensation comprend en même temps l'impression
faite sur nos organes par les corps extérieurs, la

transmission de cette impression au cerveau par le ministère des nerfs, et enfin l'excitation particulière que le cerveau en reçoit lorsqu'elle y est arrivée.

Il existe dans toutes les parties du corps des espèces de cordons blancs et minces qui se ramifient dans les divers organes, et vont se terminer par leur extrémité opposée au cerveau ou à la moelle épinière. Ces cordons sont appelés nerfs; ils servent à transmettre les sensations de l'organe qui les reçoit au cerveau, qui est le siége de leur perception : c'est également par l'intermédiaire des nerfs que l'influence de la volonté se communique du cerveau aux muscles des différentes parties du corps. Aussi, lorsqu'un ou plusieurs de ces nerfs se trouvent coupés, liés ou atrophiés, les organes auxquels ils se distribuent perdent la faculté de sentir et d'exécuter des mouvements volontaires, ou, en d'autres mots, sont paralysés. Il est également reconnu que les lésions du cerveau nous privent de la faculté de percevoir, quoique l'organe ou les différents nerfs des sens soient dans un état d'intégrité parfaite.

Les nerfs sont d'une sensibilité extrême, et la moindre blessure de l'un d'eux occasionne une douleur vive ; il en est de même de la moelle épinière. Ces cordons blanchâtres se divisent et se subdivisent dans leur trajet; ils sont composés de filaments, ou petits filets très-fins, dont l'une des extrémités tient à la moelle épinière ou à la moelle allongée, et qui, par leur autre extrémité, se ramifient et se distribuent dans la texture des divers organes.

Les anciens nommaient nerfs toutes les parties blanches du corps d'un animal, telles que les nerfs, les tendons et les ligaments. Mais, depuis Galien, le nom de nerfs a été uniquement réservé aux parties qui sont dans une dépendance soit directe soit indirecte du centre nerveux cérébro-spinal.

Les nerfs communiquent entre eux de mille manières dans leur trajet. Quelquefois un simple filet s'unit à un autre : c'est ce qu'on appelle une anastomose, 10 et 20 (Pl. 14, fig. 5); d'autres fois une infinité de filets se réunissent et s'enlacent en forme de réseau, 2, 3, 13 (id., id.): c'est ce qu'on nomme un plexus; et quand ce plexus, plus dense et plus serré, au lieu d'un réseau n'offre plus qu'une seule masse, on le nomme ganglion, *h* (Pl. 14, fig. 4).

Centres nerveux.

Ces appareils de sensibilité offrent deux grandes dispositions générales. Par la première, les organes de la nutrition sont animés sourdement, et sans le secours de la volonté, de la sensibilité particulière qui leur est indispensable pour remplir leurs fonctions : c'est ainsi que les organes de la digestion, ceux de la circulation, ceux de la respiration, etc., sont excités constamment et maintenus dans l'état d'excitation qui est la condition de la vie. C'est à l'aide de cette influence nerveuse que l'estomac digère, que le chyle est porté dans le torrent de la circulation, que le cœur se contracte, que l'air entre dans les poumons, qu'il se mêle au sang veineux, le vivifie, et qu'enfin le sang vivifié revient au cœur, dont les contractions le distribuent dans la structure des organes les plus déliés en lui faisant parcourir des milliers de canaux presque imperceptibles.

Le système nerveux qui anime les organes de la vie de nutrition est nommé système nerveux de la vie organique, ou grand sympathique; il est composé d'un nom-

bre infini de petits filets nerveux qui se réunissent tous
ensemble dans de petits renflements nerveux que l'on
nomme ganglions , *h, h* (Pl. 15, fig. 1). Ces ganglions
et ces nerfs sont disposés et distribués le long de la partie antérieure de la colonne vertébrale, depuis la tête
jusqu'au sacrum.

Les muscles qui reçoivent des filets du nerf grand
sympathique se contractent d'une manière régulière et
périodique, et ne sont pas soumis à l'influence de la
volonté : tels sont le cœur et la tunique musculaire des
intestins.

La seconde disposition générale du système nerveux
consiste dans l'existence d'une masse nerveuse que l'on
nomme encéphale, qui se partage d'elle-même en cerveau et en moelle épinière. De ce cerveau et de cette
moelle épinière partent des troncs nerveux qui donnent
naissance à des branches, lesquelles se divisent en rameaux qui, subdivisés en ramuscules, vont, sous les
formes les plus déliées, se ramifier sur les organes et
pénétrer dans leur tissu.

L'encéphale est logé dans la cavité du crâne et dans
le canal qui règne dans toute la longueur de la colonne
vertébrale, *c, c', m* (Pl. 10, fig. 2).

La partie supérieure de l'encéphale est formée par le
cerveau, viscère très-volumineux et de forme ovalaire
qui remplit la moyenne partie de l'intérieur du crâne,
et qui est divisé sur la ligne médiane, par un sillon très-
profond, en deux moitiés appelées *hémisphères du cerveau,* fig. 2 (Pl. 10, *soulevez le lambeau*) et 1 (Pl. 14,
fig. 2). Chacun de ces hémisphères, divisé à son tour
en trois lobes, 1, 2, 3 (Pl. 10, fig. 2, *lambeau*), présente à sa surface un grand nombre de sillons et de
saillies contournées sur elles-mêmes, comme les intes-

tins, et appelées circonvolutions du cerveau, *c*, *c* (Pl. 13, fig. 7). Enfin, on trouve dans leur intérieur des cavités nommées *ventricules*, 5 (Pl. 10, fig. 2, *soulevez le lambeau*), et on distingue dans la substance dont ils sont composés deux matières : l'une blanche, qui en occupe l'intérieur, 1, 1 (id. id.); et l'autre de couleur grise, qui en forme la superficie.

En arrière et au-dessous du cerveau se trouve une autre masse nerveuse bien moins grosse, mais de structure analogue, qu'on appelle *cervelet, c'* (Pl. 10, fig. 2) et 13 (Pl. 14, fig. 2). C'est de ces deux organes que naît la *moelle épinière*, *m* (Pl. 10, fig. 2), *m*, *e* (id., fig. 1) et 8 (Pl. 14, fig. 2), qui a la forme d'une grosse corde blanchâtre étendue de l'intérieur du crâne jusque vers la partie inférieure du canal dont la colonne vertébrale est creusée.

Chaque lambeau de la figure 2 de la planche 10 représente un hémisphère dans ses rapports avec le crâne. Le lambeau le moins profondément placé représente une coupe du cerveau 1, 1, dans l'épaisseur de ses circonvolutions; une coupe du cervelet 2 , la glande pinéale *p*, et l'origine de la moelle épinière 3, 4. Le lambeau extérieur représente l'ensemble du système cérébro-spinal vu de profil (côté gauche), et dans ses rapports naturels avec les parois du crâne et du canal vertébral : 1, circonvolutions cérébrales du lobe antérieur du cerveau; 3, lobe moyen; 7, lobe gauche du cervelet; 6, protubérance annulaire; 6, *m*, *m'*, partie latérale gauche de la moelle épinière ; *m''*, extrémité inférieure de la moelle épinière vulgairement nommée queue de cheval; 8, nerfs sacrés renfermés dans le canal de l'os sacrum. Ce même lambeau, vu en dedans, représente une coupe du cerveau, du cervelet et de la protubérance faite sur la ligne médiane : 5, 8, commissure cérébrale ou corps calleux, large bande de substance médullaire qui réunit les deux hémisphères; 7, milieu de la masse nerveuse du cervelet; 6, protubérance annulaire; *p*, glande pinéale, presque entièrement isolée du cerveau, auquel elle ne tient que par deux petits cordons de substance nerveuse. C'est dans ce corps que Descartes plaçait le siége de l'âme.

La figure 1 de la planche 10 représente la face antérieure du système cérébro-spinal et l'origine de tous les nerfs qui naissent soit du cerveau, soit de la moelle épinière. Ici, comme dans la fig. 2 de la planche 14, la masse du cerveau est renversée en arrière, afin de laisser voir l'origine des nerfs qui naissent de sa base. Les nerfs de la moelle épinière sont coupés au delà de l'endroit où leurs racines antérieures et postérieures se réunissent. Les parties indiquées dans cette figure sont : *c, c, c, c,* le cerveau; *c, c', c',* le cervelet; *m, e,* la moelle épinière; *p*, la protubérance annulaire; *r, r, r,* les nerfs rachidiens; *p, b,* le plexus brachial qui fournit les troncs nerveux qui se distribuent dans l'épaule et le bras; *p, s,* le plexus sciatique dont les divisions se rendent dans la cuisse et la jambe (fig. 2 et 3, Pl. 15).

Ainsi que j'ai l'ai déjà indiqué plus haut, une multitude de nerfs sortent de la base du cerveau et des côtés de la moelle épinière et vont se ramifier dans les dernières parties du corps. On en compte quarante-trois paires, dont les douze premières naissent dans l'intérieur du crâne, et trente et une sortent de chaque côté de la colonne vertébrale. Ces derniers naissent tous sur les côtés de la moelle par deux racines. Quant aux douze premières paires, elles sont désignées par les noms suivants :

Première : Nerf olfactif, *ol* (Pl. 10, fig. 1) et *d* (Pl. 14, fig. 2).

Deuxième : Nerfs optiques, *op* (id., id.) et *h* (id., id.).

Troisième : Nerfs moteurs oculaires communs, *o*, *c* (id., id.) et *j* (id., id.).

Quatrième : Nerfs pathétiques, *pa* (id., id.) et *k* (id., id.).

Cinquième : Nerfs trijumeaux, *tr* (id., id.) et *l* (id., id.).

Sixième : Nerfs moteurs oculaires externes, *o*, *c* (id., id.) et *m* (id., id.).

Septième : Nerfs faciaux, *f* (id., id.) *n* (id., id.) et 1 (Pl. 14, fig. 5).

Huitième : Nerfs auditifs, *a* (id., id.) et *o* (Pl. 14, fig. 2).

Neuvième : Nerfs glosso-pharyngiens, *p* (Pl. 14, fig. 2).

Dixième : Nerfs pneumo-gastriques, *v* (Pl. 10, fig. 1); *q* (Pl. 14, fig. 2) et *v. v.* (Pl. 11).

Onzième : Nerfs hypoglosses, *r* (Pl. 14, fig. 2) et *a* (Pl. id., fig. 4).

Douzième : Nerfs spinaux, *t* (Pl. 14, fig. 2).

Parmi les nerfs qui naissent de la moelle épinière, il en est un certain nombre qui ne servent qu'à la transmission des impressions, d'autres qui sont destinés uniquement à déterminer, sous l'influence de la volonté, des contractions musculaires ; mais la plupart remplissent en même temps ces deux fonctions, et résultent de la réunion d'un certain nombre de fibres nerveuses dont les unes sont sentantes, et les autres locomotrices.

Dans le point où ces nerfs sortent de la moelle épinière, ces deux espèces de fibres sont encore séparées et constituent deux racines distinctes, l'une située au-devant de l'autre; la racine antérieure sert aux mouvements, et la racine postérieure à la sensibilité. Aussi, lorsqu'on coupe, sur un animal vivant, les racines antérieures de tous ces nerfs, il ne peut plus se mouvoir, mais conserve la sensibilité; tandis que c'est le contraire qui a lieu si l'on coupe les racines postérieures, sans blesser les racines antérieures.

La planche 11 est disposée pour faire comprendre les rapports de quelques nerfs avec le système cérébro-spinal c, c, m, et leurs nombreuses ramifications dans divers organes. C'est ainsi qu'on voit : 1° le nerf vague ou pneumo-gastrique v, v. v, naître, par plusieurs racines, des parties supérieures et latérales de la moelle épinière m, et envoyer ses branches au larynx l, aux poumons p, au cœur c, et à l'estomac e; 2° le nerf facial f, dont l'origine est au bord postérieur du pont de Varole c; 3° le nerf glosso-pharyngien p. l, qui naît entre le nerf facial f et le nerf vague v; 4° le nerf spinal s, qui naît, dans l'intérieur du rachis, des parties latérales de la moelle, à la hauteur de la quatrième vertèbre cervicale, et dont une branche se distribue dans les muscles de l'épaule; 5° le nerf respiratoire inférieur extrême r, se rendant aux muscles de la partie externe de la poitrine; 6° le nerf phrénique ou respiratoire interne d, qui se partage en filets nombreux et déliés dans le muscle diaphragme d'.

Le cerveau est alimenté par des vaisseaux sanguins qui s'y distribuent en canaux aussi déliés que nombreux. Ces vaisseaux ne pénètrent point immédiatement dans sa substance. Les artères qui y entrent, et les veines qui en sortent, présentent à sa surface un lacis de vaisseaux capillaires extrêmement ténus qui forme au cerveau une première enveloppe nommée *pie-mère*, 18 (Pl. 14, fig. 1, et Pl. 15, fig. 4).

L'encéphale, ainsi recouvert, est lubrifié par la sérosité que sécrète l'*arachnoïde*, véritable membrane séreuse qui enveloppe la totalité des organes nerveux contenus dans le crâne. Comme toutes les membranes séreuses, l'arachnoïde se réfléchit sur elle-même, et enveloppe le cerveau sans le contenir.

La consistance du cerveau est si délicate, que le moindre choc, en ébranlant ses parties, eût pu déranger leur action : aussi la nature a-t-elle pris le soin de le protéger par une troisième membrane, appelée *dure-mère*, qui se moule exactement sur ses parties, les force, par sa résistance, à conserver leur forme propre, et empêche leur contact immédiat et leur affaissement.

Mais rien n'était plus propre à protéger l'encéphale que la boîte osseuse dans laquelle il est contenu (Pl. 10, fig. 2) et *a a'* (Pl, 13, fig. 7). Le crâne, en effet, par son épaisseur, sa forme arrondie et ses nombreuses articulations, est capable de résister à de très-grands efforts. Un choc reçu par une partie quelconque de cette voûte vient se briser, en rayonnant, dans les sutures qui unissent les os nombreux concourant à sa formation. Ces os sont encore recouverts par la peau, qui, à la tête, a reçu le nom de *cuir chevelu*, non-seulement parce qu'elle est garnie de cheveux, nouveaux moyens protecteurs, mais encore parce qu'elle est plus dense et plus résistante que dans le reste du corps. Les cheveux, étant mauvais conducteurs du fluide électrique, mettent la tête dans une espèce d'isolement ; d'où il résulte que le cerveau reçoit une influence moins marquée de la part de ce fluide.

Nous avons vu, en traitant la mécanique animale, de quelles merveilleuses précautions avait été entourée la structure du crâne et de la colonne vertébrale ; ces notions trouvent ici une application directe. Il est très-rare de voir une lésion de la moelle épinière ; ce qui prouve que la nature a mis pour la protéger au moins autant de sollicitude que pour défendre le cerveau. Cette prévoyance était, en effet, d'autant plus nécessaire, que la texture délicate de la moelle épinière ne pourrait recevoir ni le plus petit ébranlement, ni la moindre compression, sans que ses fonctions en fussent tout à coup troublées. Outre les os nombreux dont se compose la colonne vertébrale, *a, a, a* (Pl. 10, fig. 2), plusieurs couches musculaires la recouvrent encore ; leur épaisseur prévient l'effet des violences extérieures qui est presque toujours funeste.

Organes des sens.

Les impressions arrivent au cerveau par l'intermédiaire des nerfs des organes des sens ; nous ne percevons les objets extérieurs qu'au moyen de ces organes : ainsi nous ne pouvons voir sans yeux, ni entendre sans oreilles. Non-seulement ces organes nous sont nécessaires, mais il faut encore qu'ils soient sains et dans leur état naturel. En effet, plusieurs maladies des yeux produisent une cécité absolue ; d'autres affaiblissent la vision sans la détruire tout à fait, et l'on peut en dire autant des organes des autres sens.

Les anciens supposaient que les fibres nerveuses sont

de petits tubes remplis d'une vapeur très-subtile à laquelle ils donnaient le nom d'*esprits animaux;* que le cerveau est une glande qui sécrète ces esprits de la partie la plus déliée du sang, et répare continuellement l'énorme consommation qui s'en fait; qu'enfin c'est par le moyen de ces esprits animaux que les nerfs remplissent leurs fonctions.

Descartes nous les montre parcourant sans cesse les canaux qu'ils se sont assignés, et produisant non-seulement les mouvements musculaires, mais la perception, la mémoire et l'imagination. Il a décrit leurs voyages et leurs opérations, avec la même précision et le même détail que s'il en avait été le témoin oculaire.

Malheureusement, jamais œil humain n'a aperçu la structure tubulaire des nerfs, jamais les injections les plus subtiles n'ont pu la rendre sensible, et il se trouve que toutes les merveilles qu'on a racontées des esprits animaux, pendant plus de quinze siècles, n'étaient que de pures conjectures.

De toutes les opérations de l'esprit, a dit un philosophe, la perception des objets extérieurs est celle qui se répète le plus souvent.

Les sens atteignent toute leur perfection, même dans l'enfance, quand nos autres facultés ne sont pas encore éveillées. Ils nous sont communs avec les animaux, et nous présentent les objets sur lesquels s'exercent le plus fréquemment nos autres facultés.

Nous trouvons qu'il est facile d'étudier leurs opérations; et parce que ces opérations nous sont familières, nous appliquons les noms qui leur appartiennent aux facultés qui nous semblent avoir quelque rapport avec elles.

Dans la perception, les objets extérieurs font sur les

organes des sens, sur les nerfs et sur le cerveau des impressions qui, en vertu des lois de notre nature, sont suivies de certaines opérations de l'esprit. On est sujet à confondre ces deux choses ; mais elles doivent être soigneusement distinguées. Quelques philosophes ont supposé, sans fondement, que les impressions faites sur les organes sont la cause efficiente de la perception ; d'autres, avec aussi peu de raison, ont admis que l'esprit reçoit des impressions semblables à celles qui sont faites sur les organes, de sorte que ce qui se passe dans les sens devait être considéré comme le type et le modèle de ce qui se passe ensuite dans le cerveau.

Nous ne percevons les objets extérieurs qu'au moyen de certains organes corporels que la Divinité nous a donnés pour cette fin. L'être suprême, de qui nous tenons l'existence, et qui nous a placés au milieu de ce monde, nous a pourvus de facultés convenables à la situation et au rang qu'il nous assignait dans la création.

Nous avons cinq sens, et les sensations que nous devons à chacun d'eux n'ont rien de commun entre elles. De plus, à l'exception peut-être du sens de l'ouïe, il n'y en a aucun qui ne nous en procure un très-grand nombre qui diffèrent non-seulement en degrés, mais encore en nature. Combien d'espèces de saveurs et d'odeurs, toutes susceptibles de tous les degrés, depuis le plus fort jusqu'au plus faible ! Il en est de même du chaud et du froid, de la rudesse et du poli, de la dureté et de la mollesse, caractères saisis et perçus par le toucher, qui diffèrent les uns et les autres en nature, et qui sont susceptibles chacun d'une variété infinie de degrés : les sons sont graves et aigus, sourds et éclatants, avec les mêmes différences de degrés. Enfin, il y a bien plus de couleurs que nous n'avons de termes pour les nommer.

On a cherché à expliquer toutes nos sensations par des vibrations dans la substance médullaire des nerfs et du cerveau. Cette explication mériterait de tenir une place dans la saine philosophie, si l'on avait jamais pu établir par des expériences que cette substance éprouve, en effet, des vibrations, ou qu'elle est susceptible d'en éprouver. On s'est servi de ces vibrations imaginaires pour expliquer toutes nos sensations, quoiqu'on n'ait jamais pu établir une relation entre la diversité des unes et celle des autres.

Les rayons lumineux produisent une impression sur le nerf optique, mais ils n'en produisent aucune sur les nerfs acoustique ou olfactifs; les émanations des corps font une impression sur les nerfs olfactifs, mais elles n'en font aucune sur les nerfs optique ou acoustique. Les vibrations de l'air agissent sur le nerf acoustique, mais elles laissent insensibles les nerfs optique et olfactifs.

Le galvanisme est l'un des plus puissants excitants du système nerveux. La manière dont se conduit cet agent offre même des traits d'analogie si frappants avec la manière dont se conduit l'agent nerveux, que quelques physiologistes ont cru pouvoir en conclure l'identité de ces deux agents. Cette identité est pourtant bien loin d'être prouvée. Nous allons énumérer les principales conditions de l'action nerveuse, mais nous devons dire qu'on ne sait rien du mode et du mécanisme de cette action. Les esprits-animaux ont depuis long-temps perdu leur vogue. Le fluide nerveux n'est qu'une conjecture qui s'accommode plus ou moins aux faits : et l'analogie avec le fluide galvanique, quelque frappante qu'elle soit, n'est pourtant encore qu'une analogie.

Pour percevoir un objet, il faut qu'une impression ait été faite sur un organe, ou par l'application immédiate de l'objet, ou par quelque milieu placé entre l'organe et lui.

Dans deux de nos sens, le toucher et le goût, l'application immédiate de l'objet à l'organe est nécessaire ; dans les trois autres l'objet est perçu à distance, mais au moyen d'un milieu qui fait impression sur l'organe.

Les émanations des corps odorants, aspirées par nos narines, sont le milieu de l'odorat ; les vibrations de l'air sont le milieu de l'ouïe, et les rayons lumineux renvoyés des objets à l'œil sont le milieu de la vue. Tout objet qui ne dirige ou ne réfléchit point vers l'œil quelque rayon lumineux est invisible pour nous. Nous n'entendons aucun son, à moins que les vibrations de quelque milieu élastique, excitées par celles des corps sonores, ne viennent frapper notre oreille. Nous ne sentons aucune odeur, à moins que les émanations des corps odorants ne s'introduisent dans nos narines. Nous ne percevons aucune saveur que par l'application du corps savoureux à la langue ou à quelque partie de l'organe du goût ; et enfin nous ne percevons les qualités tangibles de la matière qu'en la touchant avec la main ou par quelque autre partie de notre corps.

Les organes des sens sont au nombre de cinq : le toucher, le goût, l'odorat, la vue et l'ouïe. Leurs caractères communs sont d'être tous placés à la périphérie du corps, d'être symétriques, d'être formés de deux parties principales : l'une nerveuse, qui développe l'impression ; l'autre placée au-devant de la première, et destinée à recevoir l'impression du corps extérieur. Les sens sont dépendants de la volonté, qui peut les dérober à l'action des corps extérieurs. Ils peuvent s'exercer de deux manières : ou *passivement,* quand l'organe, par le fait seul de sa situation à la périphérie du corps, et indépendamment de la volonté, est impressionné par les corps extérieurs ; ou *activement,* quand cet organe, mu par la volonté et excité par elle, va comme au-devant du corps pour en recevoir l'impression. Les sens sont perfectibles par l'éducation.

Toucher.

Le toucher et le tact sont une fonction de la peau ; ce sens a lieu sur toute sa surface, mais plus ou moins parfaitement dans chacune de ses parties selon la configuration plus ou moins favorable qu'elles présentent. C'est ainsi que le tact, obscur à la plante des pieds et au talon, est parfait à la main, où il s'exerce le plus ordinairement.

Les nerfs qui partent du cerveau fournissent, après des subdivisions nombreuses, des filets déliés qui viennent ramper sous le tissu de la peau a (Pl. 13, fig. 8). Cette membrane, qui revêt toute la surface du corps, est assez mince pour que ces filets nerveux la traversent et se ramifient à sa surface.

La peau est la membrane qui revêt tout le corps. Elle se compose principalement de deux parties : l'une appelée *chorion* ou *derme,* l'autre nommée *épiderme.*

L'*épiderme* e (Pl. 13, fig. 8) est la couche la plus superficielle de la peau ; c'est une espèce de vernis épais qui recouvre le derme d (id., id.), et sert à le protéger contre le contact des corps durs, et à empêcher qu'il ne se dessèche par l'action de l'air. Le derme est composé d'un nombre variable de couches superposées c (Pl. 13, fig. 9) ; sa couche la plus intérieure renferme

22

la matière colorante de la peau, qui y est répandue par des canaux qui viennent de petites ampoules logées dans le derme *e* (id., id.) et *e* (Pl. 13, fig. 10).

Le *derme a b* (Pl. 13, fig. 12) est la partie la plus épaisse et la plus importante de la peau; il est situé sous l'épiderme et adhère par sa face interne aux parties sous-jacentes. Un nombre considérable de nerfs le pénètrent et forment à sa surface de petites élévations nommées *papilles a* (Pl. 13, fig. 9) dans lesquelles ils se distribuent sous la forme de houppes. C'est à ces nerfs que le derme doit sa sensibilité, qui est plus grande dans les parties où il y a le plus de papilles : comme au bout des doigts, par exemple.

L'épiderme est appliqué sur ces papilles nerveuses *c d* (Pl. 13, fig. 12), il n'est pas doué lui-même de sensibilité et rend le toucher d'autant moins délicat qu'il est plus épais; le contact souvent répété d'objets rudes et durs, tend à en déterminer l'épaississement : aussi les mains des personnes qui exécutent des travaux pénibles, ont-elles l'épiderme plus épais et sont-elles moins sensibles que celles des personnes dont les occupations ne sont pas aussi laborieuses.

La peau présente, en outre, un grand nombre de *follicules sébacés f d* (Pl. 13, fig. 9) et des canaux obliques qui excrètent le liquide de la transpiration.

Le sens du toucher est le plus essentiel de tous, aucun animal n'en est entièrement privé, et il paraît même acquérir d'autant plus d'activité, que les autres sens sont moins développés : c'est ainsi qu'on a pu dire que les *polypes* paraissent palper la lumière.

La peau est douée d'une sensibilité particulière qui lui permet d'apprécier le contact des corps qui nous environnent, leur température basse ou élevée, leur ré-

sistance ou leur mollesse. Quand cette action est presque
passive, elle prend le nom de *tact*; mais quelques organes ont pour la sensibilité tactile une condition particulière plus exquise et plus spéciale, c'est ce qu'on
nomme le *toucher*. La main de l'homme est un admirable instrument de toucher; la finesse de la peau,
l'excessive mobilité des doigts, la possibilité d'opposer
le pouce à tous les autres doigts, permettent à l'homme
d'étudier les formes les plus minutieuses des corps, et
de redresser ainsi les illusions des autres sens. « Qu'on
suppute, dit Buffon, la superficie de la main et des
cinq doigts, on la trouvera plus grande à proportion
que celle de toute autre partie du corps, parce qu'il
n'y en a aucune qui soit autant divisée; ainsi, elle a
d'abord l'avantage de pouvoir présenter aux corps
étrangers plus de superficie, ensuite les doigts peuvent
s'étendre, se raccourcir, se plier, se séparer, se joindre
et s'ajuster à toutes sortes de surfaces, autre avantage
qui suffirait pour rendre cette partie l'organe de ce sentiment exact et précis qui est nécessaire pour nous
donner l'idée de la forme des corps. » L'homme est, de
tous les animaux, celui dont la peau est le plus favorablement disposée pour l'exercice du toucher. En effet,
la surface de son corps s'offre à toutes les impressions
qui peuvent s'exercer sur elle; et rien ne vient diminuer l'action des divers excitants sur ces organes de la
sensibilité. Tous les autres animaux, tels que les mammifères, les oiseaux, les poissons, les reptiles, les mol-
lusques, etc., etc., ont la peau recouverte par des poils,
des plumes, des écailles, des coquilles; ce qui diminue
beaucoup et quelquefois fait disparaître les effets du tact.

Les cheveux, les poils, les ongles, les cornes sont
des productions formées par de petits organes sécréteurs,

logés dans la substance de la peau ; ils se développent, comme les dents, par l'addition de nouvelles portions de leur substance au-dessous de celles déjà formées *c*, *b*, *d* (Pl. 13, fig. 11), et ne sont pas le siége d'un mouvement nutritif comme les organes qui vivent. On donne le nom de bulbe aux organes sécréteurs des cheveux et des poils.

Comme toutes les fonctions de la vie, le toucher et le tact sont assujettis aux modifications de l'âge. Chez le vieillard, ce sens est considérablement détérioré ; la graisse ayant disparu, le derme n'est plus soutenu par elle, il se plisse, devient flasque et inaccessible aux impressions tactiles, tandis que, d'un autre côté, la sensibilité générale s'est bien affaiblie. Le toucher peut, par l'exercice, acquérir une grande puissance. Ainsi, des aveugles discernent les couleurs ; le sculpteur *Ganivasius*, devenu aveugle, continua de pratiquer son art avec succès, en se guidant par le toucher ; l'antiquaire *Saunderson*, aveugle, discernait, dans une suite de médailles, celle qui était contrefaite, etc.

Goût.

Ce sens donne la notion de la sapidité des corps. C'est la langue qui est l'organe principal de la gustation. Les lèvres, le palais, les joues, le voile du palais, contribuent bien aussi à effectuer l'impression des corps sapides ; mais il est vrai de dire que la langue est essentielle dans la production de cette sensation. On a vu cependant des exemples de mutilation de la langue et même d'absence congéniale de cette partie avec persistance du goût ; mais aussi, dans ces cas, la sensation des corps sapides n'était point aussi parfaite qu'elle l'est dans les circonstances les plus ordinaires. Le goût paraît avoir pour nerf spécial la branche linguale du nerf de la cinquième paire *e* (Pl. 13, fig. 7); d'autres nerfs se rendent aux parties que nous venons de présenter comme le siége de ce sens, ces nerfs sont : le glosso-pharyngien *u* (Pl. 13, fig. 7), le grand hypoglosse *a* (Pl. 14, fig. 4).

Le mécanisme de la gustation est loin d'être compliqué, l'application plus ou moins immédiate des particules sapides à la langue suffit pour l'effectuer ; plus le corps est divisé, plus l'impression est complète : parce qu'alors il correspond d'une manière plus exacte et plus intime aux divers points de l'organe. La dissolution des corps est une condition nécessaire pour qu'ils agissent sur l'organe du goût. Cette sensation devient plus intense par l'effet de l'attention, et l'on sait combien il est difficile de distraire un gourmet lorsqu'il goûte quelque substance et qu'il *raisonne ses morceaux.*

Ce sens peut acquérir une délicatesse extrême par l'exercice, comme le prouvent les dégustateurs : il n'est pas rare, dit-on, de trouver, dans la Bourgogne méridionale, des personnes qui non-seulement reconnaissent, lorsqu'ils sont mélangés, les vins de chacun des terroirs qui entrent dans une composition, mais encore désignent le vignoble particulier qui les a fournis et l'année où ils ont été récoltés.

Odorat.

L'odorat est le sens à l'aide duquel nous jugeons les qualités odorantes des corps. Ce sens s'exerce et réside dans un appareil disposé à cet effet, que l'on nomme les fosses nasales *b* (Pl. 13, fig. 7), *d* (Pl. 10, fig. 2). Ce

sont deux grandes cavités carrées , creusées dans l'épaisseur des os de la face , et qui communiquent au dehors
par les ouvertures du nez, au dedans par celles qui
s'ouvrent dans le pharynx. L'amplitude des fosses nasales est augmentée en haut par les sinus *sf* (Pl. 13,
fig. 7), en avant par le *nez* dans l'homme, le *museau*
dans quelques animaux. L'air traverse les fosses nasales,
entraînant avec lui toutes les parties odorantes des
corps. La disposition des fosses nasales est telle, que
l'air est porté vers leur partie supérieure. C'est là que
viennent s'épanouir les filets déliés du nerf de l'odorat;
ce nerf perçoit les odeurs que l'air lui apporte , et c'est
par lui que les impressions sont transmises au cerveau.

Les lames osseuses contournées qui sont fixées aux
parois des fosses nasales augmentent l'étendue de l'organe de l'odorat, et présentent aux molécules odorantes
des points de contact plus nombreux. Ces lames sont
appelées cornets des fosses nasales; il y en a deux de
chaque côté *b*, *t* (Pl. 13, fig. 7, *soulevez le lambeau*).

La membrane qui tapisse les fosses nasales porte le
nom de membrane pituitaire ; elle s'applique sur tous
les feuillets osseux, dont elle augmente l'épaisseur. La
pituitaire est molle et douce au toucher ; elle sécrète le
mucus nasal, humeur très-utile dans les fonctions de
l'odorat. L'anatomie comparée démontre que la perfection de l'odorat résulte toujours du plus grand développement des cavités nasales et des sinus qui en dépendent. Dans le chien, les sinus frontaux ont une ampleur
considérable. La longueur du groin du cochon explique
la finesse de l'odorat dont est doué cet animal utile.
C'est le mouvement d'inspiration qui fait pénétrer dans
l'intérieur des fosses nasales les molécules odorantes.
On a constaté qu'en pratiquant sur des animaux une

ouverture à la trachée-artère, et en empêchant ainsi
l'air de la respiration de passer par les fosses nasales,
ces animaux n'avaient plus d'odorat; chacun sait, d'ailleurs, que pour échapper à une odeur l'on suspend
momentanément sa respiration. L'on conçoit, dès lors,
pourquoi l'organe de l'odorat est toujours placé sur les
voies de la respiration. Ce sens acquiert par la culture
un assez haut degré de perfection, comme le prouvent
les parfumeurs et les chimistes. Les nègres ont, dit-on,
l'odorat si subtil, qu'ils distinguent de loin si l'homme
qui les approche est un nègre ou un blanc. Il en est du
sens de l'odorat comme de celui du goût; en général il
se perfectionne avec l'âge, à moins que des habitudes
destructives ne l'aient émoussé : comme cela n'a lieu
que trop souvent par l'usage qu'on a contracté d'introduire à chaque instant dans le nez des substances irri-
tantes.

Vue.

La vue est un sens à l'aide duquel nous pouvons
juger la couleur, la distance et le volume des corps de
la nature, par le moyen de la lumière. Ce sens, que
Buffon appelait un toucher lointain, a pour effet de
peindre au fond de l'œil les images des corps qui nous
environnent, et de transmettre au cerveau les impressions de ces images.

Nous partagerons l'étude de ce sens en trois parties :
1° la lumière; 2° les organes de la vision; 3° la marche
de la lumière dans l'œil.

De la lumière.

La lumière est un fluide qui remplit l'étendue, et qui
éclaire les corps de la nature. Autrefois on croyait que

la lumière était suspendue dans l'espace ; Descartes est l'auteur de cette opinion, qui a été partagée par beaucoup de physiciens. Depuis Newton on admet que la lumière émane des corps lumineux, et que ces corps sont le soleil ou les étoiles fixes.

La lumière peut être : ou naturelle, c'est celle du soleil ; ou artificielle, c'est la lumière dégagée par les corps en combustion.

La lumière est directe ou réfléchie : elle est directe, quand elle vient en droite ligne du corps lumineux à notre œil ; elle est réfléchie, lorsqu'il existe entre nous et la lumière un corps qui nous renvoie l'éclat qui l'a frappé.

L'intensité de la lumière se mesure par l'éloignement ou le rapprochement des corps. Ainsi, dans la fig. 11 de la planche 12, les corps o, o', o'', qui sont tous trois de même volume, seront frappés par des rayons lumineux d'autant plus nombreux que ces corps seront plus voisins de la flamme. En effet, il est facile de voir, par cette figure, que si le corps o, le plus près de la flamme, reçoit seize rayons lumineux, le corps o', placé à une distance double, est frappé par huit rayons lumineux ; le corps o'', placé à une distance quadruple, n'en reçoit que quatre : en un mot, l'intensité de la lumière est en raison inverse du carré de la distance.

Les corps sont transparents ou opaques. On nomme transparents les milieux à travers lesquels les rayons lumineux se meuvent ; les corps opaques sont ceux que la lumière ne traverse pas, et par la surface desquels elle est réfléchie.

La surface des corps opaques ne renvoie pas toujours la lumière telle qu'ils la reçoivent. Il en est qui en absorbent tous les rayons, ou qui du moins n'en réfléchissent que fort peu : ces corps sont appelés noirs. Les corps qui réfléchissent tous les rayons, ou à peu près tous, sont blancs; ceux qui n'en réfléchissent que quelques-uns (et leur variété est innombrable) sont appelés corps colorés.

Ainsi, la couleur n'est pas inhérente aux corps, elle dépend de l'espèce de rayons lumineux que le corps coloré peut réfléchir. En effet, si l'on reçoit sur une feuille de papier un faisceau de rayons lumineux qui aura traversé un prisme de verre; au lieu de produire une image blanche, il formera une image oblongue dans laquelle on distinguera les sept couleurs suivantes : rouge, orange, jaune, vert, bleu, indigo, violet. Telles sont les sept couleurs primitives dont chaque rayon lumineux est composé.

La lumière peut être réfléchie ou réfractée. On l'appelle réfléchie, quand elle est renvoyée dans l'espace par le corps sur lequel elle a été dirigée. Il est important de remarquer que les rayons lumineux abandonnent le corps qui les réfléchit, dans une direction pareille à celle qu'ils avaient en arrivant sur lui; et que l'angle formé par le rayon de réflexion sur le corps réfringent, est égal à l'angle formé par le rayon d'incidence c, a et a, e (Pl. 12, fig. 12).

La lumière réfractée est celle qui, en traversant un corps transparent, a subi une déviation. La réfraction de la lumière nous donne l'explication de quelques phénomènes qu'on observe journellement. Ainsi, quand on place une pièce de monnaie a (Pl. 12, fig. 12) au fond d'un vase dont les parois sont opaques, l'œil ne peut voir la pièce qu'en se plaçant dans le cône d des rayons qui passent par l'ouverture du vase ; mais si l'on verse une certaine quantité d'eau dans le vase, la pièce devient visible pour l'œil placé au-dessous du niveau d'une ligne droite *b, a*, passant de la pièce au-dessus des bords du vase, et cette pièce paraît beaucoup plus élevée qu'elle ne l'est en réalité. C'est qu'alors les rayons sont réfractés en s'éloignant de la perpendiculaire; puisqu'ils passent d'un milieu plus dense dans un moins dense, qui est l'air. On explique de la même manière pourquoi un bâton, en partie plongé dans l'eau, semble brisé à la surface de ce liquide.

La lumière marche ordinairement en suivant une ligne droite, et les différents rayons qui partent d'un point quelconque s'écartent entre eux, de plus en plus, à mesure qu'ils avancent dans l'espace. Lorsque ces rayons tombent perpendiculairement sur la surface d'un corps transparent, ils le traversent sans changer de direction; mais lorsqu'ils le frappent obliquement, ils sont toujours plus ou moins déviés de leur direction primitive.

La déviation que subissent les rayons lumineux en traversant des corps transparents, varie suivant la forme des corps. Des rayons lumineux qui traversent un corps transparent peuvent affecter trois directions différentes : ils sont parallèles, divergents ou convergents. Les corps transparents, que l'on appelle des milieux, peuvent être planes *o, o', o''* (Pl. 12, fig. 11), convexes *b, b'* (id., fig. 15), concaves *b, b'* (id. fig. 14).

Nous allons examiner les diverses déviations que subissent les rayons lumineux, parallèles, convergents ou divergents, suivant qu'ils traversent des corps transparents, planes, convexes ou concaves. Les corps transparents planes ne font subir que de faibles déviations aux rayons lumineux : ainsi, en les traversant, les rayons parallèles restent parallèles; les rayons convergents conservent

leur degré de convergence, et les rayons divergents
conservent leur degré de divergence.

En traversant les milieux convexes, les rayons lumineux tendent à se rapprocher du foyer de la réfraction :
ainsi, supposons que trois rayons divergents partis du
point *a* (Pl 12, fig. 15) traversent l'air et viennent
tomber sur une lentille convexe *b, b'*, le rayon *a, c*
frappera perpendiculairement cette surface et traversera
la lentille sans éprouver de déviation ; mais le rayon
a, d, tombant obliquement sur cette surface, sera ré-
fracté et rapproché de la perpendiculaire tirée au point
d'immersion. Cette perpendiculaire a la direction de la
ligne ponctuée *c;* car elle est la ligne qui part du centre
de la circonférence dont la surface réfringente *b, b'*
forme l'arc, pour pénétrer au point de cette circonférence où tombent les rayons lumineux. Or, en se rapprochant de cette perpendiculaire, le rayon lumineux, au lieu
de poursuivre sa route vers le point *d*, suivra la ligne *f*. Il
en sera de même pour la ligne *a, g*, qui, en continuant sa
marche, se rapprochera de la perpendiculaire *h*, et se
dirigera vers le point *i*, au lieu de continuer à se porter
en ligne droite vers le point *g*. Les autres rayons qui
viendraient frapper la lentille seraient réfractés d'une
manière analogue, et, au lieu de continuer à s'écarter
entre eux, ils se rapprocheront et pourront même se
réunir tous dans un même point qu'on appelle le foyer
de la lentille.

Si la surface du milieu réfringent est concave (id.,
fig. 14), les rayons lumineux ne se rapprocheront pas
de l'axe du faisceau, comme dans le cas précédent, mais
au contraire ils divergeront davantage. Le rayon *a, d*,
par exemple, devra se rapprocher de la perpendiculaire
au point de contact, laquelle a la direction de la ligne *e*,

et, en se déviant ainsi, ce rayon prendra la direction *f*.
Il en sera de même du rayon *a*, *g* qui divergera suivant
la ligne *a*, *i*.

D'après la différence de leurs effets, les verres convexes ont été nommés verres convergents et les verres
concaves verres divergents.

Les verres convexes ont la propriété de réunir les
rayons lumineux en un point qu'on a nommé foyer. Ils
rendent convergents les rayons parallèles, ils augmentent la convergence des rayons déjà convergents, et ils
diminuent la divergence des rayons divergents, au point
de les rendre parallèles et même convergents. Ils grandissent les objets, parce qu'ils nous les font voir sous un
angle plus ouvert et parce que, en même temps, ils
font converger vers notre pupille un bien plus grand
nombre de rayons lumineux des corps que nous examinons avec une lentille. Ces corps, plus éclairés et
grandis, nous paraissent rapprochés.

Plus les verres convergents sont convexes, plus l'effet
qu'ils produisent est énergique, et plus aussi la distance
du foyer principal est courte.

En un mot les lentilles bi-convexes et les analogues
concentrent toute la lumière, tandis que les bi-concaves
la dispersent.

Les corps transparents réfractent la lumière avec
d'autant plus d'énergie qu'ils sont plus denses et qu'ils
sont formés de matières plus combustibles.

Dans l'étude de la vision, nous verrons l'application
des lois que suit la lumière réfléchie ou réfractée.

Organes de la vision.

Les organes de la vision se divisent en deux espèces :
l'organe de la vision proprement dit, c'est le globe de

l'œil; puis les organes accessoires, ou protecteurs de l'œil. Quelques mots sur ces organes.

Sourcils. — Au-dessus de la paupière supérieure *a, b, c* (Pl. 12, fig. 2) on remarque deux arcades qu'on nomme sourcilières, *a* (id., fig. 1), et qui sont formées par la réunion de petits poils dont le nombre et le volume varient suivant les races et les tempéraments. Ils sont beaucoup plus fournis et plus bruns chez les peuples du Midi que chez ceux du Nord. Ils ont pour usage de protéger, par la saillie qu'ils font, la partie inférieure des paupières; ils ont aussi pour effet de détourner, vers le côté de la face, les gouttelettes de sueur qui quelquefois inondent le front. Enfin on croit que leur teinte plus ou moins foncée diminue l'action d'une vive lumière, en absorbant les rayons les plus énergiques.

Paupières. — On donne ce nom à deux voiles mobiles tendus au-devant du globe de l'œil. Les paupières sont formées à l'extérieur aux dépens de la peau, *a, b, c* (Pl. 12, fig. 2); à l'intérieur elles sont tapissées par une membrane lisse qu'on nomme la membrane conjonctive (*m, p,* fig. 10, *soulevez le lambeau*) : entre ces deux membranes est placée, pour chaque paupière, une petite lame de substance fibreuse et résistante qu'on nomme cartilage. La paupière supérieure est plus étendue que la paupière inférieure; les paupières présentent chacune deux bords : l'un se continue avec la peau, l'autre est libre. Chaque bord libre des paupières est hérissé de petits poils longs et déliés qu'on nomme cils. L'usage de ces cils est de former au-devant de l'œil une petite grille qui arrête les corps étrangers dont la présence troublerait l'exercice de la vision. Les bords libres des paupières sont taillés obliquement, de manière à constituer, par leur rapprochement, un canal étroit et triangulaire. Les paupières ont le double usage de protéger le globe de l'œil, en s'abaissant au-devant de lui, et de le rendre inabordable aux rayons lumineux dont l'éclat pourrait troubler le sommeil. Les paupières doivent à deux muscles, l'élévateur *b* (Pl. 12, fig. 3) et le palpébral *m*, *o* (id., fig. 10, *soulevez le lambeau*), les mouvements alternatifs d'abaissement ou d'élévation par lesquels elles étendent au-devant du globe de l'œil le liquide aqueux dont nous allons parler, et qui est fourni par une glande qui fait partie de l'appareil lacrymal.

Appareil lacrymal. — Cet appareil est composé de plusieurs organes dont les uns sont destinés à former et à verser au-devant de l'œil le fluide lacrymal, les autres ont pour usage de le charrier au dehors de l'œil. Premièrement, la glande lacrymale *a* (Pl. 12, fig. 10) et *a'* (id., id., *soulevez le lambeau*). C'est un petit corps, d'un volume d'une amande, placé à la partie extérieure et supérieure du globe de l'œil, entre cet organe et la cavité orbitaire; cette glande fournit un fluide particulier qui est versé au-devant du globe de l'œil par de petits canaux qui viennent s'ouvrir à la face intérieure du bord adhérent de la paupière supérieure. Ces petits canaux sont très-déliés et très-nombreux; ils versent constamment le fluide lacrymal, et, comme nous l'avons déjà vu, ce fluide est répandu au-devant du globe de l'œil par les paupières supérieure et inférieure. On nomme caroncule lacrymale un petit corps rougeâtre situé au grand angle de l'œil 6 (id., id.) : c'est près de ce corps que s'ouvrent les organes destinés à enlever les larmes; ce sont deux petits canaux terminés par deux orifices que l'on nomme

points lacrymaux *d* (id., id.). Ces canaux sont courbés : l'un (le supérieur) *b* remonte un peu pour se cour-
ber bientôt en bas; l'autre (l'inférieur) *c* se dirige directement en bas, et va, comme le premier, s'ouvrir
dans un canal plus large que l'on nomme le canal nasal *e, f.* Les fonctions de ces points lacrymaux sont de
pomper les larmes au fur et à mesure qu'elles sont versées au-devant de l'œil : de cette manière, le fluide est
excrété dans la proportion qu'il est formé. Dans quelques circonstances particulières, l'équilibre de ces deux
phénomènes est rompu; et soit que les larmes soient
sécrétées en plus grande quantité, soit que les points
lacrymaux ne les pompent pas aussi activement, ou
qu'elles soient arrêtées dans leur cours à travers les
canaux lacrymaux et le canal nasal, ce fluide déborde
les paupières et tombe en grande quantité le long des
joues.

Cavité orbitaire ; muscles. — Parmi les organes protecteurs de l'œil, la cavité orbitaire joue un rôle important. En effet, les parois osseuses de cette cavité em-
boîtent le globe oculaire de telle sorte qu'il ne donne
de prise au contact des corps étrangers que par sa face
antérieure. La cavité orbitaire a une forme conique *c,
f, h* (id., fig. 3) : la base de ce cône est formée par les
os de la pommette et par l'os du front; le sommet s'ouvre dans la cavité du crâne par un trou irrégulier que
traverse le nerf optique *f* (id., id.) pour communiquer
avec le cerveau. On doit encore regarder comme parties accessoires de l'œil les muscles à l'aide desquels
nous pouvons le mouvoir et le diriger à notre gré. Ces
muscles sont au nombre de six : quatre droits dont deux
latéraux, l'un interne, l'autre externe *a, f* (id., id.), 3
(id., fig. 7) et *e* (fig. 5, le droit interne est caché par

le nerf optique et n'a pu être indiqué), et les deux autres qui sont le droit inférieur *h, f* et le droit supérieur *e, d* (fig. 3 et 5). Les deux autres muscles sont appelés obliques, et sont distingués en grand *c* et petit 5 (id., fig. 7) obliques. L'action des muscles droits a pour effet de diriger le globe de l'œil en haut, en bas, en dedans ou en dehors. Le muscle grand oblique *c* se prolonge, en avant, par un tendon qui se réfléchit sur une poulie fixée près de l'apophyse orbitaire interne, et se termine à la partie externe et postérieure du globe de l'œil, auquel il imprime un mouvement de rotation de dedans en dehors. Le petit oblique 5 imprime à l'œil un mouvement de rotation de dehors en dedans et le porte un peu en avant.

Globe oculaire. — L'organe de la vision proprement dit a reçu le nom de globe oculaire; ce globe est formé par des enveloppes membraneuses et par des humeurs transparentes renfermées dans ces enveloppes, qui concourent à en faire un instrument d'optique des plus parfaits.

L'enveloppe la plus extérieure et la plus résistante de l'œil se nomme sclérotique *d, e, f* (Pl. 12, fig. 5) *s*, (fig. 6), 1 (fig. 7), *c* (fig. 1); c'est sur elle que s'attachent les muscles qui meuvent le globe de l'œil : la partie antérieure est transparente, la partie postérieure est opaque. La partie transparente de l'enveloppe sclérotique est nommée cornée transparente *a, b* (fig. 5), *i* (fig. 3), *c, t* (fig. 6), 1 (fig. 9, *lambeau*) : on pense que c'est une petite membrane emboîtée dans la sclérotique; peut-être n'est-ce qu'une modification de cette membrane. La seconde membrane de l'œil porte le nom de choroïde *ch* (fig. 6), *e* (fig. 8), *a* (fig. 7), 5 (fig. 9, *lambeau*), *f* (fig. 13); elle est placée à la partie interne

de la sclérotique et la tapisse en noir : la partie antérieure de cette membrane se prolonge sous la forme
d'un voile mobile *i* (fig. 6), 4, 5 (fig. 9, *lambeau*)
placé derrière la cornée transparente, et percé par une
ouverture *p* (fig. 6), 3 (fig. 9) qui est susceptible d'a-
grandissement ou de diminution ; ce voile est appelé
iris, cette ouverture est appelée pupille. La troisième
membrane est la rétine *r* (fig. 6), *d* (fig. 9) ; on pense
que c'est une expansion du nerf optique *n* (fig. 6) : cette
membrane est demi-transparente, molle et blanchâtre ;
elle est étendue dans la partie postérieure du globe oculaire, à la face interne de la choroïde.

Les différentes humeurs qui sont contenues dans l'intérieur des membranes que nous venons d'énumérer
sont : l'humeur vitrée, le cristallin et l'humeur aqueuse.

L'humeur vitrée *a* (fig. 7 et fig. 9) est une masse
transparente, molle comme de la gelée, et qui occupe
toute la partie interne du globe de l'œil, dont elle donne
la forme principale.

Le cristallin *c* (fig. 6), *b* (fig. 7) 6 (fig. 9) est une
petite lentille de forme circulaire placée en avant du
corps vitré.

L'humeur aqueuse est un liquide limpide placé entre
le cristallin et l'iris, puis entre l'iris et la cornée transparente *d* (fig. 7).

Le nerf optique *n* (fig. 6), *c* (fig. 7) a son origine
dans le cerveau ; il pénètre dans l'orbite par le trou optique, perce la sclérotique et la choroïde, et se termine
au milieu de la rétine, qui n'est, en quelque sorte, que
son épanouissement.

Marche de la lumière dans l'œil.

Lorsqu'après avoir étudié les parties constituantes

de l'œil on cherche à comprendre les fonctions que remplit chacune de ses parties on voit que la théorie de la vision repose presque entièrement sur celle de la lumière, et qu'elle s'explique par les lois de la réfraction.

Chacun des points de l'étendue d'un corps éclairé envoie à l'œil un cône de rayons lumineux *o'* (fig. 13), chaque cône présente un axe et des rayons obliques à cet axe. Supposons que nous choisissions le cône dont l'axe se confond avec l'axe antéro-postérieur du globe oculaire, c'est-à-dire avec cette ligne qui est perpendiculaire à toutes les surfaces convexes et concaves que l'on rencontre, en procédant de la cornée à la rétine, et examinons ce qui se passe à chacun de ces milieux. Les rayons obliques de ce cône sont réfractés en traversant les différents milieux de l'œil, de manière cependant qu'ils sont réunis autour de leur axe à l'instant où celui-ci parvient à la rétine. En effet, 1° en traversant la *cornée* qui est convexe et plus dense que l'air extérieur, les rayons se rapprochent de la perpendiculaire élevée au point de contact, et deviennent plus convergents (*a d*, fig. 15, dont la direction serait *a d*, se brise en *f*); d'autres rayons sont réfléchis en *e*, et forment le brillant de l'œil et les images que l'on aperçoit derrière la cornée. 2° En traversant *l'humeur aqueuse*, qui est moins dense que la cornée, ils sont réfractés de nouveau et écartés de la perpendiculaire, mais moins cependant que s'ils repassaient dans l'air; de sorte qu'ils conservent toujours un peu de la convergence que leur avait imprimée la cornée. Les rayons qui tombent dans le trou pupillaire sont les seuls qui servent à la vision, tous les autres sont absorbés par l'iris ou réfléchis par lui; ces derniers nous font apercevoir les couleurs diverses de cette membrane. Les rayons qui traversent le *cristallin*, qui joue le rôle d'une lentille bi-convexe à courbures inégales, convergent fortement et se rapprochent de l'axe oculaire. Le cristallin est organisé de manière à corriger l'aberration de sphéricité qui dépend de ce que les bords des lentilles ne concentrent pas les rayons au même point que le centre. Quelques rayons sont encore réfléchis : les uns sortent de l'œil et concourent à lui donner de l'éclat, d'autres tombent sur la face postérieure et interne de l'iris, espèce de diaphragme coloré en noir, qui absorbe les rayons qui pourraient être réfractés et altérer alors l'obscurité de l'appareil. A l'aide de ce diaphragme, l'œil peut admettre une plus grande quantité de lumière avec une moindre aberration de sphéricité. 3° Enfin, en traversant l'*humeur vitrée*, qui a une densité moindre que le cristallin, mais dont la face antérieure est concave, les rayons sont encore réfractés, écartés de la perpendiculaire élevée au point d'incidence, et par conséquent rapprochés de l'axe oculaire. Il semble donc que, pour arriver plus simplement au même but, il suffirait de rendre le cristallin plus réfringent. Mais l'humeur vitrée sert à rendre le champ de la vision plus étendu, en permettant à la rétine de se développer sur sa surface postérieure. Les trois natures de milieux, l'humeur aqueuse, le cristallin et le corps vitré, sont combinées de manière à se compenser et à prévenir l'aberration de réfrangibilité qui tient à ce que la même lentille concentre plus ou moins loin de son axe les rayons de réfrangibilité diverse.

En dernière analyse, il se forme donc sur la rétine une image très-petite, très-éclairée et par conséquent très-nette. La concavité que forme cette membrane nerveuse la rend apte à se présenter au foyer propre de chaque pinceau lumineux.

La rétine est la partie de l'œil qui reçoit l'impression; elle la transmet au cerveau par le moyen du nerf optique, dont elle n'est qu'un épanouissement : la paralysie de cette membrane entraîne toujours la perte totale de la vue. Ce n'est point par un simple contact que la lumière agit sur la rétine; elle pénètre son tissu demi-transparent et arrive sur la choroïde, qui, par son enduit noirâtre, en absorbe les rayons.

Les cônes lumineux envoyés par tous les points d'un objet, se croisent dans l'intérieur de l'œil de manière à former sur la rétine une image renversée de l'objet opposé à l'œil (*flèches* de la fig. 13, pl. 12). On a cherché à expliquer de bien des manières pourquoi, les images se peignant renversées sur notre rétine, nous voyons les objets droits et dans la position qu'ils affectent réellement au dehors de nous. Voici comment Berkley, évêque de Cloyne, a rendu compte de ce phénomène:

« Quoique l'image de l'objet soit effectivement tracée au fond de l'œil dans une situation renversée, cependant l'âme doit naturellement, et sans le secours d'aucune expérience, les redresser, c'est-à-dire voir en haut l'extrémité supérieure, et voir en bas l'extrémité inférieure; et, en effet, ces termes de haut et de bas sont des termes relatifs et qui n'ont de valeur que par le terme auquel nous les comparons : c'est-à-dire que nous jugeons en haut tout ce qui correspond à la voûte céleste, et en bas tout ce qui répond à la terre. Or, il est bien évident que le ciel se peint dans la partie inférieure du fond de l'œil, et que la terre se peint dans la partie supérieure : dès-lors, nous rapportons à la voûte céleste l'extrémité de l'objet qui se peint dans la partie la plus supérieure; c'est-à-dire que nous établissons naturellement, entre ces deux extrémités, la relation qu'elles ont, et que nous situons l'objet tel qu'il est réellement. »

L'image est double, et cependant nous voyons simple. Quelques physiologistes expliquent ce phénomène par une disposition anatomique, l'entre-croisement des nerfs optiques *c* (pl. 12 , fig. 3). D'autres recourent à des explications physiologiques. Ainsi Buffon admet que l'on voit double dans l'origine, mais que le toucher rectifie l'erreur. Gall prétend que l'on ne voit ordinairement qu'avec un seul œil, et presque jamais avec les deux à la fois. D'autres, enfin, ont invoqué une loi par laquelle la sensation est toujours reportée à l'extrémité du corps lumineux qui cause l'impression, et par conséquent à l'objet unique qui est éclairé. Une autre loi, admise par quelques savants, c'est que toutes les fois que les points lumineux frappent des points correspondants de la rétine, il n'y a qu'une seule image : des observations multipliées ont prouvé, dans ces derniers temps, que si, dans le strabisme, il y a souvent duplicité des images, c'est que les points correspondants de la rétine ne sont pas affectés.

Les différences innombrables que présentent les hommes, sous le rapport de l'aptitude qu'ils ont à distinguer un objet de près ou de loin, constituent la *myopie* et la *presbytie*. La myopie tient à ce qu'une cornée trop saillante, ou un cristallin trop dense et trop convexe, rapprochent trop brusquement les rayons lumineux. Ainsi, chez les *myopes* les humeurs sont trop réfringentes, ou l'œil a une moindre profondeur ; les rayons des cônes se réunissent et se croisent avant de tomber sur la rétine. On remédie à ce vice, qui est très-fréquent

dans la jeunesse, par l'emploi des verres concaves ou
de divergence. Beaucoup de myopes finissent par ne
plus avoir besoin de verres : le desséchement des membranes et la diminution des humeurs, par les progrès
de l'âge, amoindrissent la convexité de l'œil, et font sur
eux un effet contraire à celui qui a lieu chez les personnes dont le globe de l'œil était d'abord bien conformé.

Les *presbytes* ont une organisation inverse, ils voient
fort loin ; attendu que les rayons sont alors divergents,
et que l'œil n'a pas besoin d'une grande énergie pour
les réfracter et les faire converger sur la rétine. Chez
eux, la cornée plus aplatie, le cristallin moins dense
ou moins convexe, la rétine trop voisine du cristallin, etc., ne rapprochent pas assez vite les rayons lumineux. On remédie à ce vice, qui est fréquent dans la
vieillesse, par l'emploi des verres convexes qui rapprochent les rayons. Ainsi ces deux états de la vision sont,
en quelque sorte, inverses l'un de l'autre : dans le premier cas, les rayons, envoyés par des objets trop éloignés, se réunissent trop tôt avant d'arriver à la rétine;
dans le second, les rayons, envoyés par des objets trop
proches, arrivent à la rétine avant d'avoir eu le temps
de se réunir : dans la myopie l'image est confuse,
parce qu'elle vient de loin ; elle est confuse dans la presbytie, parce qu'elle vient de près.

Ouïe.

La fonction de ce sens est de nous donner l'impression des sons, et de nous faire apprécier la nature des
corps, leur distance, leur direction, etc.

L'oreille est l'organe de l'ouïe; c'est à l'aide de cet

appareil que l'animal perçoit les sons que produisent les mouvements vibratoires imprimés aux molécules des corps par la percussion ou par une autre cause : ce mouvement vibratile se communique à l'air ou à tout autre corps aboutissant à l'oreille. L'effet de ces vibrations sur l'oreille se nomme son, ou bruit.

Son.

L'air est le véhicule du son. Si on suspend une sonnette dans le vide, on n'entend plus de son quoiqu'on agite la sonnette; on le perçoit, au contraire, si on laisse pénétrer un peu d'air, et alors l'intensité du son est toujours en raison directe de la quantité d'air qui entoure le corps en vibration. Le son devient faible à mesure qu'il s'éloigne du corps qui le produit, à cause de l'augmentation non interrompue de la surface d'ébranlement; mais si la masse d'air dans laquelle le son se propage est contenue dans un cylindre creux, le son conserve à peu près toute sa force : ce fait curieux a été mis hors de doute par les belles expériences de M. Biot. Ce savant physicien eut à sa disposition, dans un aqueduc de Paris, plusieurs tuyaux de fonte qui représentaient, bout à bout, un cylindre creux de neuf cent cinquante et un mètres de long. A cette distance la voix la plus basse était entendue, et l'on distinguait parfaitement les paroles prononcées aussi bas que lorsqu'on parle à l'oreille. Un coup de pistolet, tiré à l'ouverture de cette suite de tuyaux, fit entendre à l'autre extrémité une explosion considérable, et l'air fut chassé avec assez de force pour éteindre une bougie allumée.

Tous les corps élastiques peuvent produire le son. Les molécules d'air qui sont en contact avec les différents points de ces corps reçoivent des mouvements semblables à ceux de ces points : elles vont et reviennent avec eux. Chaque molécule communique le mouvement à celle qui est derrière, celle-ci à une troisième, et ainsi de suite.

Il est facile de prévoir que le son ne doit pas se faire entendre au même instant, pour des observateurs placés à des distances différentes. Cela s'observe, en effet, dans l'explosion d'une arme à feu ou de la foudre. La lumière devance le coup d'un laps de temps d'autant plus grand, que l'observateur est plus éloigné du corps qui a produit le choc.

Le son est divisé en deux espèces : le bruit ou le choc instantané des molécules de l'air, puis le son musical ou la série de vibrations isochrones de cet air. « Ne pourrait-on pas conjecturer, dit Rousseau dans son *Dictionnaire de musique*, que le bruit n'est point d'une autre nature que le son ; qu'il n'est lui-même que la somme d'une multitude confuse de sons divers, qui se font entendre à la fois et contrarient, en quelque sorte, mutuellement leurs ondulations ? »

Le son se réfléchit à la manière de la chaleur et de la lumière, en faisant un angle d'incidence égal à celui de réflexion. Dans le cas de réflexion confuse, le son n'est qu'une résonnance ; c'est, au contraire, un écho, lorsqu'il est reproduit distinctement : enfin ces échos sont monosyllabiques ou polysyllabiques, selon qu'ils rendent nettement une ou plusieurs syllabes.

On cite en Angleterre l'écho du parc de Woodstock qui répète vingt syllabes pendant la nuit et dix-sept pendant le jour. On cite aussi le château de Simonette en Italie qui répète quarante fois un son.

Oreille.

Le siége de l'audition réside dans une pulpe molle formée par les filets nerveux du nerf acoustique n, a (Pl. 13, fig. 1).

Cette pulpe tremblante reçoit les vibrations des corps sonores, et les communique aux filaments nerveux.

On distingue, dans l'appareil de l'ouïe, une partie essentielle qui existe constamment dans tous les animaux qui sont pourvus du sens de l'audition : c'est le vestibule c, a, i (id., id.), et diverses parties accessoires propres à modifier ou à renforcer la sensation; parties qui ne se trouvent point dans toutes les oreilles, mais qui s'ajoutent successivement à mesure que l'organe se perfectionne. Ces parties accessoires sont : 1° le limaçon l (id., id., et 4, pl. 13, fig. 4) et les canaux semi-circulaires c, s, c (Pl. 13, fig. 1, et d, e, f, fig. 3) qui composent, avec le limaçon, un tout que l'on nomme le labyrinthe ou l'oreille interne; 2° la caisse du tympan, ou l'oreille moyenne (c, a, i, fig. 1, n fig. 2, l fig. 5), cavité située entre l'oreille interne et l'air extérieur, et qui contient une chaîne de petits osselets ; 3° l'oreille externe p (fig. 1; 1, 2, 3, 4, 5, 6, fig. 2; a, b, fig. 3), composée du pavillon, espèce de conque destinée à recueillir les vibrations de l'air ; 4° le canal auditif interne (c, a, l fig. 1, c fig. 3) qui porte ces vibrations jusque sur le tympan. Chez l'homme, le pavillon de l'oreille présente plusieurs saillies et plusieurs enfoncements dûs au plissement de la lame cartilagineuse qui entre dans sa constitution.

Les saillies ou éminences sont : l'hélix, l'anthélix, le tragus, l'antitragus. L'oreille se termine inférieurement par le lobule. Le tragus, l'antitragus et l'anthélix circonscrivent un enfoncement nommé conque, au-devant duquel est percé le canal auditif externe. Ce canal a 6 ou 8 lignes d'étendue *c* (fig. 3); il est béant du côté du pavillon, et se termine à la membrane du tympan. Le tympan est une membrane mince, tendue, comme la peau d'un tambour, sur une cavité irrégulière que l'on nomme la caisse du tympan : cette membrane *t* (fig. 1), *t* (fig. 5) est plus ou moins tendue, suivant que les sons qui arrivent à elle sont graves ou aigus ; elle se relâche pour les sons graves, elle est tendue pour les sons aigus : cette tension ou ce relâchement s'opèrent à la faveur de deux petits muscles *m*, *n* (fig. 2, *soulevez le lambeau*) qui s'étendent des portions osseuses de l'oreille à la membrane du tympan. Il existe dans la cavité du tympan plusieurs ouvertures qui communiquent avec les canaux semi-circulaires et la trompe gutturale de l'oreille *t*, *e* (fig. 1), *t* (fig. 2) : ce dernier canal vient s'ouvrir dans le pharynx (*t* fig. 7, *face postérieure du lambeau*), et c'est par lui que se maintient le renouvellement continuel de l'air dans la cavité du tympan. Enfin les vibrations sonores sont perçues par la pulpe nerveuse des nerfs acoustiques, et c'est par ces nerfs que les sensations auditives sont transmises au cerveau. Quant à la chaîne d'osselets, elle a pour but de se prêter à la tension de la membrane du tympan : les petits os qui la constituent ont été appelés, d'après leur forme, marteau *ma*, enclume *en*, lenticulaire et étrier *et* (fig. 5).

Les divers plans de la figure 2 ont été arrangés de manière à faire comprendre la position relative du pavillon de l'oreille et du canal auditif externe avec l'os temporal : à cet effet, le pavillon se détache et laisse à découvert la portion osseuse de l'appareil auditif. Cette portion a été divisée en deux pour montrer la cavité du tympan *n*, le muscle interne du marteau, le muscle de l'étrier et la trompe gutturale de l'oreille *t*. La figure 3 représente les rapports dans lesquels se trouvent entre elles les trois parties principales de l'organe de l'ouïe : *a, b*, oreille externe; *c*, conduit auditif externe; *d, e, f*, les trois canaux demi-circulaires; *i*, le limaçon. La figure 4 représente l'oreille interne vue en dehors, dans un grossissement de 15 fois son volume naturel; le lambeau est appliqué sur une figure représentant les dispositions intérieures des mêmes parties, qui sont : le limaçon *n*, la fenêtre ronde *f;* la première spirale du limaçon *a*, la seconde spirale *b*, la troisième spirale *c;* le vestibule *d*, la fenêtre ovale *i;* le canal demi-circulaire vertical inférieur *l*, le canal vertical supérieur *j*, le canal demi-circulaire horizontal *o*. Les parties contenues dans ces canaux sont des tubes membraneux sur lesquels se portent les branches du nerf acoustique qui se distribuent dans ces cavités.

Quant aux usages de chacune de ces parties, on pense que le pavillon remplit l'office d'un cornet acoustique récueillant les sons et les réfléchissant sur la membrane du tympan; Boerhaave a avancé que les courbures en étaient géométriquement disposées de manière à réfléchir toutes les ondes sonores dans le conduit auditif. Le conduit auditif externe sert à garantir la membrane du tympan de l'action trop directe de l'air et des agents extérieurs; les poils et le cérumen remplissent le même but. Lorsque le son est parvenu à la membrane du tympan, celle-ci, à raison de sa nature sèche et vibratile, partage promptement les oscillations sonores.

La caisse du tympan sert à propager les ondes sonores, soit par la chaîne des osselets, soit par ses parois, soit surtout par l'air qu'elle contient.

La trompe gutturale de l'oreille qui s'ouvre dans le pharynx (*t*, fig. 7, *lambeau*), introduit et renouvelle sans cesse l'air dans la cavité du tympan; elle est l'analogue du trou percé sur la caisse d'un tambour, et sans lequel l'air n'éprouverait aucun mouvement vibratile.

Les diverses cavités du labyrinthe sont remplies par un liquide aqueux dans lequel plongent les filets les plus déliés du nerf acoustique; les vibrations de la membrane du tympan se transmettent aux membranes des fenêtres rondes et ovales qui communiquent dans les canaux demi-circulaires et le limaçon, et les vibrations que ces membranes exécutent, à leur tour, arrivent au nerf sur lequel leur action produit la sensation du son.

Voix.

Pour compléter l'étude des fonctions de relation, il est indispensable de parler de la voix, et de cette faculté précieuse qui a été donnée à l'homme dans son plus grand degré de perfectionnement, la parole, qui est le produit des modifications que reçoit la colonne d'air dans l'intérieur de la bouche, par les actions combinées du voile du palais, des joues, de la langue et des lèvres.

La voix consiste dans la production d'un son par le larynx : un grand nombre d'organes prennent part à l'exercice de cette fonction; mais celui qui en est spécialement le siège, c'est le larynx (fig. 7 et 8, pl. 6), espèce de boîte cartilagineuse qui, par son extrémité supérieure, s'ouvre dans le pharynx *p h* (Pl. 13, fig. 7)

par une ouverture sur laquelle s'applique un petit cartilage nommé épiglotte *e p* (id.), lequel joue un rôle
important dans la déglutition ; et par son ouverture inférieure communique avec la trachée artère qui n'est,
en quelque sorte, que son prolongement. Le larynx est
l'organe essentiellement producteur de la voix, il est situé à la partie antérieure et inférieure du pharynx ; il présente, sous la peau, chez les sujets maigres, une saillie
très apparente à laquelle le vulgaire donne le nom de
pomme d'Adam, et qui est formée par le cartilage thyroïde. La grandeur de cet organe varie selon les âges,
mais, toutes proportions gardées, elle est plus considérable dans l'homme que dans la femme. La figure 7 de la
planche 6 représente le larynx, la trachée artère et la
glande thyroïde fendus d'avant en arrière : *v* coupe du
cartilage cricoïde ; *e*, grande corne du cartilage thyroïde ; *l g*, cartilage aryténoïde.

Le larynx est indispensable à la production de la
voix. Un animal peut être privé de cette faculté, si on
lui ouvre la trachée-artère ; car alors l'air pouvant sortir
à travers cette issue accidentelle, ne reçoit plus les vibrations qui lui auraient été imprimées par le larynx.
Cet organe a été regardé par les physiologistes comme
agissant, dans la production de la voix, de la même
manière qu'un instrument à anche, dont les tons sont
d'autant plus aigus que les lames sont plus raccourcies,
et d'autant plus graves qu'elles sont plus longues. Si
l'on prend le larynx d'un animal quelconque, et qu'on
y pousse de l'air au moyen d'un soufflet, par la trachée-
artère, en ayant soin de comprimer cet organe, de
manière que les lèvres de la glotte se touchent, à l'instant il se produira un son parfaitement analogue à la
voix de l'animal. Cette expérience, faite sur des larynx

humains, a donné lieu à la production artificielle de la voix humaine.

Sommeil.

Les actions de la vie de relation que nous venons d'étudier ne peuvent pas se reproduire d'une manière continue : après quelque temps d'exercice, les organes sentants réclament un repos ou une interruption momentanée de leur communication avec les objets extérieurs ; c'est ce repos que l'on nomme sommeil.

C'est sans aucun fondement que l'on a assimilé le sommeil à la mort, en disant qu'il en était l'image ; dans cet état, en effet, il n'y a cessation d'action que de la part des organes de la vie de relation, tandis que les fonctions nutritives s'exercent alors avec plus de liberté et d'énergie. Il semble que le sommeil soit un état d'effort des organes nutritifs ; car les hommes qui, après leurs repas, se livrent à des exercices violents, sont généralement affectés d'une faiblesse qui les rend très-sujets aux maladies, et qui leur permet rarement d'atteindre le terme ordinaire de la vie. A raison de cette faiblesse, le sommeil chez eux est beaucoup plus profond, il est aussi d'une nécessité plus pressante, et ces hommes ne peuvent pas veiller plusieurs jours de suite sans s'exposer à des maladies graves. Deux traits caractérisent le sommeil : la perte de toute influence de la volonté sur les actes de la vie de relation qui peuvent encore se produire, et la réparation du système nerveux qui recouvre ainsi son aptitude à agir. Des bâillements fréquents annoncent le sommeil ; les idées deviennent confuses, la vue se trouble, les paupières se ferment ; les sons, les odeurs et le goût ne produisent plus d'impression; le toucher est obtus. La fatigue, la débilité, un murmure monotone, le silence, l'obscurité et l'inaction provoquent le sommeil. Limité par l'habitude, il est prolongé chez l'enfant; court, léger et interrompu chez le vieillard; l'adulte le goûte pendant six à huit heures d'une manière profonde, à moins que l'imagination, la mémoire et quelquefois des jugements imparfaitement assoupis ne viennent l'agiter par des rêves. Les rêves, qui tiennent à un état intermédiaire entre la veille et le repos, peuvent se compliquer de somnambulisme. Il y a somnambulisme, lorsqu'à l'action conservée du cerveau se joint celle de la locomotion et de la voix : on a rassemblé une foule de faits curieux relatifs aux somnambules, mais je ne crois pas convenable de les rapporter ici. Il y a rêve seulement, lorsque l'imagination, la mémoire et quelquefois le jugement sont dans un état de veille pendant que les autres facultés sont engourdies. On ignore la cause prochaine du sommeil; on a voulu l'expliquer soit par l'affaissement des lames du cervelet, redressées, dit-on, pendant la veille ; soit par l'accumulation du sang qui comprime la masse du cerveau, soit par l'épuisement du fluide sensitif et moteur que la nature nous accorde pour un temps précis, après lequel une nouvelle sécrétion devient indispensable. Mais aucune de ces explications n'est absolument vraie, et long-temps encore la même obscurité doit envelopper l'histoire entière des phénomènes des sensations soit qu'ils s'accomplissent, soit qu'ils s'interrompent, ou qu'ils soient troublés par les maladies.

CONCLUSION.

Me voilà arrivé au terme de l'étude que je me suis proposée dans cet ouvrage : l'*Histoire des fonctions du corps humain*. Mon travail a dû se borner à une description rapide des organes et des divers phénomènes dont ils sont les instruments. Devrais-je, maintenant, chercher à deviner les conditions auxquelles est subordonnée l'union de l'être moral avec l'être organique? devrais-je, en partant de l'étude de la matière, essayer de remonter jusqu'aux sources de l'intelligence, afin de saisir, s'il est possible, l'alliance de l'âme et du corps? beaucoup l'ont malheureusement tenté, et ont cru pouvoir attribuer aux organes une puissance que la raison ne pouvait comprendre et que l'expérience elle-même ne devait pas découvrir.

Hâtons-nous de le dire, toutefois; grâce au progrès des esprits et à la marche des études philosophiques, on n'a plus à s'inquiéter des systèmes psychologiques qui s'appuyaient sur ces sortes d'expériences. Le temps est loin de nous où Cabanis et ses téméraires sectateurs pouvaient proclamer, sans contradiction, que le cerveau fait des idées avec les sensations, comme l'estomac fait du chyle avec les aliments ; et la philosophie aujourd'hui se borne à mépriser, sans les combattre, les systèmes dans lesquels le matérialisme s'est épuisé en vains efforts pour montrer comment l'homme éprouve la sensation, comment la sensation devient le sentiment du *moi*, et comment enfin elle se modifie par la réflexion et se transforme en idée. La raison humaine n'a plus à subir le triomphe humiliant de pareilles doctrines, et on en a fini pour toujours de cette physiologie brutale voulant expliquer, par le mécanisme grossier des sensations, la mystérieuse action de la conscience qui, en se repliant sur elle-même, sent qu'elle sent, compare ses sensations, rend présentes des sensations anciennes, comprend même les sensations d'autrui et se les approprie par la méditation.

« La doctrine grossière de Cabanis, dit le savant » physiologiste Bérard dans sa *Doctrine des rapports* » *du physique et du moral*, suppose une ignorance ab- » solue de la métaphysique et de l'observation de l'es- » prit ; elle déshonore la raison humaine dans l'état » actuel de son perfectionnement... »

« Le mécanisme des sensations ne peut expliquer les » actions de l'intelligence, disait Euler : la liaison que » le Créateur a établie entre notre âme et notre cerveau » est un si grand mystère, que nous n'en connaissons » autre chose sinon que certaines impressions faites » dans le cerveau, où est le siége de l'âme, excitent en » elle certaines idées ou sensations ; mais le comment » de cette influence nous est absolument inconnu. »

Nous sommes heureux de le reconnaître, de nos jours les sciences, en changeant de face, n'ont rien perdu de ce qu'elles ont de propre à nous élever à Dieu. Une fois appuyées sur cette base solide, elles marchent avec hardiesse dans l'étude des phénomènes de l'univers ; et leurs progrès même sont d'autant plus sûrs, qu'elles n'ont point à craindre de tomber dans des erreurs matérielles, et d'aller se perdre dans des profondeurs sans fin.

Aussi, nous n'hésitons pas à le dire, la physiologie est une science vaine, dès qu'elle ne commence pas par admettre un Dieu et une âme. Elle peut, à force de travaux, parvenir à connaître la structure physique de

26

l'homme, mais elle ne peut, d'elle-même et par la simple étude de la matière, s'élever jusqu'à son esprit; elle roule éternellement dans le cercle des causes secondes, la cause réelle lui échappe.

Il faut donc en venir à Dieu, qui est la raison primitive de tout ce qui est et de tout ce qui se comprend dans l'univers. C'est de ce point qu'il faut partir, c'est à ce point qu'on est ramené; et toute physiologie qui croirait se suffire à elle-même, bâtirait des théories et creuserait des abîmes, sans pouvoir jamais toucher le terme des difficultés qui déconcerteraient ses recherches.

C'est en soumettant la physiologie à un tel ordre d'idées, que Bossuet lui donna le caractère de grandeur que son génie imprimait à tous ses travaux. Dans le livre admirable dont nous avons cité quelques passages, au commencement de cet ouvrage, et qui semble inconnu à la plupart des savants de notre époque, ce grand évêque a contemplé avec émotion les rapports de l'âme et du corps, et étudié avec sécurité les merveilleux secrets de l'organisation humaine, parce qu'il n'avait pas la témérité dangereuse de vouloir expliquer les mystères de l'intelligence. C'est le sentiment profond de tout ce qu'il y a d'élevé dans de pareilles recherches, qui inspirait à saint Bernard cette pensée philosophique : *Si te nescieris, eris similis ædificanti sine fundamento, ruinam non structuram faciens.*

FIN.

TABLE DES MATIÈRES.